图 3.8　UCI 手写数字数据集训练出的感知机权重图

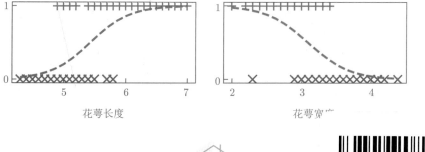

花萼长度　　　　　　　　　　花萼宽度

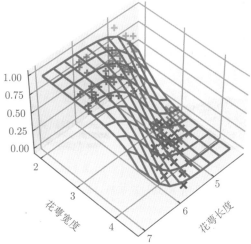

图 5.3　利用逻辑斯蒂回归预测花的类别的概率

图 6.7　实际图像上 4 个不同的卷积核的输出

a）置信度阈值取0.5   b）置信度阈值取0.3

图 6.12　在真实图片上的物体识别结果

a）原始图像   b）K 均值选取 8 种颜色压缩后的效果

图 8.1　利用 K 均值聚类算法构造的彩色图像

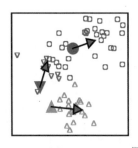 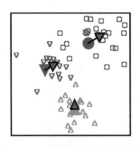 

图 8.2　K 均值聚类的迭代过程

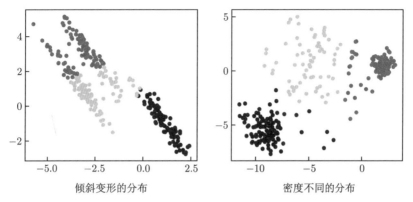

图 8.3　K 均值算法在倾斜变形的分布及密度不同的分布上的聚类效果

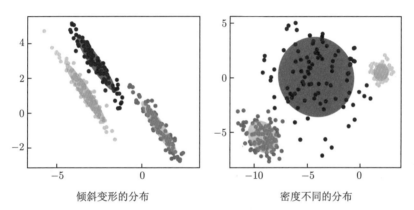

图 8.4　高斯混合模型能够对倾斜变形及密度不同的分布数据进行正确聚类

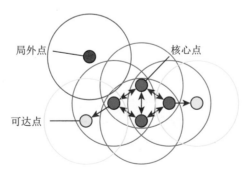

图 8.5　DBSCAN 算法中的核心点、可达点和局外点

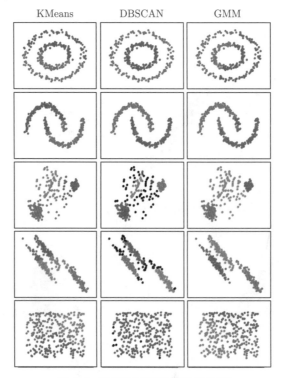

图 8.6 比较不同聚类算法的效果

a) 原始图像　　　　　　b) 聚类为8种颜色　　　　　　c) 聚类为4种颜色

d) 原始图像　　　　　　e) 聚类为8种颜色　　　　　　f) 聚类为4种颜色

图 8.8　K 均值聚类进行图像颜色量化的结果

智能系统与技术丛书

Machine Learning for Beginners

Mathematical Principles and Algorithm Practices

机器学习入门

数学原理解析及算法实践

董 政◎著

机械工业出版社
China Machine Press

图书在版编目（CIP）数据

机器学习入门：数学原理解析及算法实践 / 董政著 . -- 北京：机械工业出版社，2022.4
（智能系统与技术丛书）
ISBN 978-7-111-70344-0

I. ①机⋯　II. ①董⋯　III. ①机器学习　IV. ① TP181

中国版本图书馆 CIP 数据核字（2022）第 041009 号

机器学习入门：数学原理解析及算法实践

出版发行：机械工业出版社（北京市西城区百万庄大街 22 号　邮政编码：100037）

责任编辑：赵亮宇　　　　　　　　　　　　　　责任校对：殷 虹

印　　刷：北京诚信伟业印刷有限公司　　　　版　　次：2022 年 4 月第 1 版第 1 次印刷

开　　本：186mm×240mm　1/16　　　　　　印　　张：14　　　插　页：2

书　　号：ISBN 978-7-111-70344-0　　　　　定　　价：79.00 元

客服电话：（010）88361066　88379833　68326294　　　投稿热线：（010）88379604

华章网站：www.hzbook.com　　　　　　　　　　读者信箱：hzjsj@hzbook.com

序　言

　　人工智能是研究智能本质、用机器模拟智能的学科。在谈人工智能之前需要首先看一下人的智能，它是长期生物进化的产物，被高度优化过了。人的智能可以细分为推理、决策、问题求解、理解和学习5个方面，具有很强的自学习、自适应和自更新的能力。这5个方面还仅是智能中较为理性、适合进行定量化研究的成分。智能几乎人人都有，但这样一件看起来平常的事情却又是不可触及的，因为其内在的脑机制我们还知之甚少。当我们观察一个普通出租车司机的日常工作时，就会发现一系列典型的人工智能问题——行车路线规划、交通信号与标志识别、路况判别、解答乘客的问询、提供导游服务等，其中任何问题都需要整合众多先验知识，融合多通道的信息，才能最终高效地给出一个可行的方案。完成这些问题对人来说并非难事，然而要让计算机自动完成这些任务，不仅是对技术的挑战，更是对科学的挑战。虽然智能如此复杂，但却是人工智能研究吸引人的地方。

　　虽然我们对人类自身智能的本质依然知之甚少，实现通用智能的目标任重而道远，但是在模拟智能方面，将人工智能应用于特定场景已经解决了很多实际问题。实用主义的研究和探索积累了丰硕的成果。近年来阿尔法围棋算法战胜人类棋手的新闻，更让人工智能的概念进入了大众视野，成为热门讨论话题。实际上，人工智能技术早已渗透到日常生活中，给我们带来了许多便利。互联网文本、图像和视频信息检索，基于计算机视觉的人脸识别、车牌识别乃至辅助驾驶，基于自然语言处理的智能语音助手、问答机器人和机器翻译，以及电子商务应用中的内容推荐等，都是人工智能技术的应用。这些应用背后是人工智能的一个重要分支——机器学习。机器学习的算法和模型利用了概率论与统计学、线性代数、数值优化理论等学科的成果，让计算机可以从经验数据中自动分析、学习数据中的统计规律，完成特定场景下的应用任务。随着计算机性能的日新月异和互联网兴起带来的数据积累，机器学习方法得到了快速发展和广泛应用。

本书面向初学者，比较全面地介绍了机器学习的基本方法，循序渐进地阐述了其中的数学原理，让读者能够知其然并知其所以然。书中结合应用场景，列举了大量编程实例，帮助读者开展动手实践，理论与实践相辅相成，让读者对算法原理产生更加直观和感性的认识。这些内容有助于消除普通人对人工智能的畏惧感和神秘感，让大家看到人工智能内在的实现细节。这些介绍让大众能够看清楚从原始问题的提出到实现的完整过程，这些将需求形式化、设计特异性算法、在有限的资源中完成计算的步骤几乎就是计算机解决问题的全部奥秘。人工智能也是由一行行的程序代码来实现的，其中不允许出现一丝一毫的逻辑错误。我们现在常说"细节是魔鬼"，或者说"细节决定成败"，就是说脱离实现细节谈人工智能只能流于空谈。这是本书在具体科学内容之外想传递给读者的务实理念。

本书适合人工智能和计算机行业的学习者和从业者阅读，可引导读者从机器学习这个分支走进人工智能的广阔领域，帮读者打下理论和应用的基础。本书还可作为进一步探索的导引。本书的著者曾是我的硕士和博士研究生，在 10 年的复旦大学求学生涯中，他非常系统地进行了人工智能的学习，并就参考视觉神经生物学机制的算法模型进行了长期探索，拥有非常好的学术积累。我相信这本书会给人工智能爱好者带来有益的收获。

复旦大学计算机科学技术学院教授，博士生导师

危　辉

2021 年 8 月 5 日

前　言

从发明计算机的第一天起，人们就试图用计算机模拟自身智能。如今，计算机已经从只能完成四则运算的计算器，发展成为能胜任很多复杂任务的智能机器。在各种应用领域中，计算机已经成为人类大脑的延伸。人工智能的研究使计算机能够模拟人类思维的感知、学习、解决问题和推理决策的能力，与此同时，也帮助我们对自身智能有了更加深入的理解。

人工智能的研究者把人工智能分为强人工智能和弱人工智能两类。这种划分既是技术层面的，也是哲学层面的。如果机器表现出像人一样智能的行为，那么是否可以认为机器真的在像人一样思考呢？计算机科学和神经生物科学尚不能回答这个问题，哲学家也没有找到满意的答案。强人工智能的观点认为，人工智能应该像人一样具有自主的意识、情感和心智，能够理解和学习任何智能问题。弱人工智能的观点则仅关注机器在特定任务上所表现出的智能性，并不关心机器是否能真正像人一样自主思考。只要在特定领域能够帮助我们解决一些实际的智能问题，这样的机器都可以视作拥有弱人工智能。

强人工智能现在还是一种理论设想，它如同人一样具有高度的自主性，不仅可以解决不同类型的问题，甚至具有自主选择解决什么问题的能力。它有自己的意识和感情，但是它只存在于电影、小说等科学幻想作品中。

哲学家和科学家通过思想实验，对强人工智能的观点提出了各种怀疑，比如，中文屋子实验和换脑实验。

中文屋子实验设想有一个英语母语者，对中文一窍不通。他被关在一间屋子里，屋子里有一本英文写成的手册来说明中文的语法规则，另外还有一大堆中文符号。屋子外面的人从窗口传进用中文写成的问题，屋子里的人按照手册上的规则将中文符号组成答案传递出去。这个过程足以以假乱真，让屋子外面的人误以为屋子里的人懂得中文，然而事实上他压根不懂中文。强人工智能就如同屋子里的人，如果我们只能看到他表现出智能，如何知道他是否真的在思考呢？

换脑实验则更加科幻。假设我们的神经生理学和计算机硬件已经高度发达，完全了解大脑所有神经元的连接机制，并且能够用微电路模拟大脑神经网络的所有活动。设想我们把生物的大脑替换为电子的大脑，让电子的大脑接管一切输入的感官信号，并做出反应，输出对身体肌肉的控制信号。从外界看来，所有智能行为和活动跟换脑之前并无差异，那么现在电子大脑具有自我意识吗？或者意识还存在于那个生物大脑之中吗？生物大脑中的意识会不会试图呐喊"我什么也看不到"，却无法控制发声的肌肉呢？这个假想的实验有些骇人听闻，但是同样让我们怀疑外在表现出的智能是否等同于自主意识。

弱人工智能不再纠结于机器是否"真的"具有了自主意识，只关注表现出的智能。计算机科学家图灵提出了图灵测试，用来判断机器是否具有智能。测试者通过屏幕和键盘分别与一个真实的人和一台智能机器聊天，如果无法区分屏幕后面是人还是机器，那么就可以认为机器具有如同人一样的智能。相比图灵测试，弱人工智能的定义更加宽泛，它只要求机器能够处理具体领域的特定任务。

在现实生活中，弱人工智能的应用比比皆是。手机可以听懂我们的语音指令；摄像头可以辨别电脑的主人、进出停车场的车辆号牌；电子监控代替了交通警察，辅助查处违章的车辆；翻译软件帮助外国游客把路牌、标识、菜单等翻译成他们熟悉的语言；自动驾驶系统甚至在受限的环境中也可以自主控制车辆，从而解放驾驶员的双手。这些都是弱人工智能的应用。

弱人工智能关注于处理特定的任务，"弱"字用在这里并不完全合适，在限定领域或者特定任务中，"弱"人工智能其实并不"弱"，称作"窄"人工智能更为恰当。相比存在于科学幻想中的强人工智能，人们对应用于各种受限场景的弱人工智能有更加成熟的研究。虽然它不像人的智能一样具有理解、学习任何问题的能力，但是它通常可以在某个领域做得很好，甚至比人做得更好，毕竟机器更准确，更稳定，更迅速，而且不知疲倦。因此，弱人工智能得到了广泛的应用，成为人们生活和工作的得力助手。弱人工智能是我们向强人工智能发起探索的阶段性成果，人们不会放弃对更加通用智能的探索，会持续追寻理解和复现自身智能的梦想。只有逐步扩展弱人工智能的边界，连接和打通各种不同的任务和信息通道，才能帮助我们实现更加复杂和通用的智能。

在人工智能研究并不很长的历史上，研究者探索了很多种不同的方法和路径。比如，符号主义的研究者认为，智能可以通过如同数学推导一样的逻辑推演系统实现，各种知识可以用符号表示出来，组织成计算机能够处理的语言进行演算、分析和推理。再如，联结主义的研究者认为，智能存在于神经元的连接中，采用电子装置模拟生物大脑的神经元连接就可以实现智能。这些不同的学派在早期的人工智能研究中，在相当长的一段时间内占据了主导地位。而机器学习则是在这些研究的基础上，利用统计学的原理取得成功的一类算法和模型。机器学习侧重于从样本或者经验组成的数据中学习统计规律，通过自我修正的方式达到完成特定任务的目标。机器学习与一般计算机算法最显著的区别在于，完成任务的步骤中有一些不确定的参数，人们不需要告诉计算机这些参数的确切取值，机器学习方法会通过数据自己去寻找最为合适的取值。

在这本书中，我们会看到机器学习家族中最为重要和经典的方法。全书内容可以分为两部分：第一部分包含前 5 章，是比较基本的内容；第二部分包含后 5 章，是稍微深入一些的内容。

在第一部分，我们首先回顾人工智能最早的实现方法之一——专家系统，从中理解人们为什么走向了机器学习之路。然后，介绍决策树和人工神经元这两种基本的模型。决策树作为一类简明有效的方法，至今仍活跃在各种应用之中，或者成为其他方法的组成元素。人工神经元则是更为复杂的人工神经网络以及深度学习的组成单元。最后，我们会介绍线性回归和逻辑斯蒂回归，了解机器学习中回归和分类这两个核心问题。

在第二部分，我们首先介绍人工神经网络，了解深度学习的基本原理。然后，我们会介绍集成学习如何将若干较为简单的模型结合为更强的模型。到此为止，我们还停留在机器学习中的监督学习这一分支上。在随后两章中，我们会看到机器学习的另外两个分支——无监督学习和强化学习。我们通过聚类算法了解无监督学习，然后介绍强化学习如何解决智能体在环境中进行决策的问题。最后，我们对人工智能中较为复杂和综合的自然语言处理问题进行介绍。

　　机器学习是包含了很多模型、算法和理论的大家族，本书不求覆盖机器学习的所有内容，但是希望能够使读者对这一家族的主要分支都有所了解。作为入门级的知识介绍，我们试图避免引入过于艰深的统计学习理论，但是对于涉及的方法，也应该做到"知其然，知其所以然"。我们尽可能用较为易懂的数学语言将原理解释清楚，并且用一些实例为读者提供直观和感性的认识，使抽象的算法更加容易理解。

　　在每章中，我们都编写了动手实践的内容，提供了采用 Python 语言编写的小实验[⊖]。通过实验，读者可以对相关的算法和模型有更加直观的了解。根据算法和模型的复杂程度不同，有的实验从零开始实现了算法模型，有的实验则采用了现有的软件库，将算法模型加以应用。正所谓"实践出真知"，我们相信，读者完成这些实验后，会对本书理论部分的内容有更加深入的了解。实验采用 Python 语言，其编程门槛不高，不像 C 语言或者 Java 语言这些工程类计算机语言那样需要计算机和软件工程原理作为预备知识。然而，Python 语言也并非完全不需要学习，不熟悉 Python 的读者可以本着"边用边学"的原则，同步进行学习和实践。本书不会介绍 Python 语言的知识，这些知识很容易从其他书籍或者互联网的在线文档中获取。"世上无难事，只怕有心人"，相信对于有兴趣进行实践的读者，编程工具和程序语言不会成为学习的障碍，反而是学习的得力助手。

　　我们希望将读者顺利地带入机器学习和人工智能的领域，帮助读者成为机器学习和人工智能领域的学习者、研究者和实践者。我们也希望与读者一起研究和探索，大家共同揭开智能系统研究和应用的神秘面纱，了解其中的奥秘。

⊖ 实验代码下载地址：https://github.com/mlaibook/aipractice。

CONTENTS

目　　录

第一部分

第 1 章

专 家 系 统

专家系统是最早的人工智能系统。在早期的智能系统研究中，人们希望用专家系统来模拟和代替某些领域的人类专家。通过将领域知识组织成形式化的知识库模型，专家系统能够利用基本的逻辑推导规则，对知识库中的知识进行推理，形成新的知识，从而模拟人类专家推理和决策的过程。专家系统的推理机制具有很好的可解释性，在很长一段时间里是智能系统的主流形式，给后续的智能模型和系统带来了很多启示。

但是，专家系统并不是基于统计理论从经验数据中进行学习的机器学习方法。实际上，在构建专家系统的过程中，提取知识是需要工程人员和领域专家人工介入的，知识库则是人工制定的规则系统。因此，专家系统可以说是一种"人工"学习方法，恰好处于机器学习的对立面。然而，从专家系统中我们可以看到人们如何从人工制定的规则系统开始，转向了基于统计的机器学习方法。

1.1 早期的专家系统

现代电子计算机诞生于 20 世纪 40 年代。在计算机诞生之初，人们就对智能系统的各种可能性充满了热切渴望，开始从各个方向研究如何让计算机像人一样进行推理、做出决策、解决问题。最初人们用计算机指令直接编码这些"思维"过程，对于每一种应用场景，都要编写特定的软件程序代码，或者实现为定制的硬件电路模块。这种方法其实至今仍然存在，比如，洗衣机能够自动完成加水、加洗衣液、转动洗衣桶、排水和脱水等一系列动作的组合，控制阀门和电机协调工作，以确保采用合适的水位和转速。这就是一种智能系统。这样的系统也能够对外部环境（比如水位检测器）做出反应，产生相应的动作（比如开关电机或者阀门）。然而，这种直接编码的系统，通常只适用于特定场景，切换到其他场景则需要编制全新的程序，所以不具有任何通用性。

人们希望能够将智能系统快速应用于不同领域。研究者发现，人的思维过程可以抽象为对知识进行逻辑推理，于是将一些共同的推理机制抽取出来，构建成通用的系统。这样，"专家系统"就出现了。

1965 年研发的 DENDRAL 是最早的专家系统之一 [1]。这个系统可以帮助化学家分析质谱仪的结果，推测有机物的分子结构。当时，美国航空航天局正在进行火星探测活动，无人航天器着陆火星后，会对土壤进行采样分析，考察火星上存在有机物乃至地外生命的可能性。研究人员希望将专家系统搭载在探测火星的航天器上，代替科学家分析火星表面物质。虽然当时并没有足够小型化的计算机来搭载专家系统，但并不妨碍火星探测活动成为发起 DENDRAL 项目的契机。化学家和计算机科学家合作完成了该项目，实现了一个可以根据质谱分析结果生成可能的有机分子结构的系统。这个系统具有里程碑意义，它是第一个真正实现了的专家系统。

受到 DENDRAL 系统的影响，专家系统开始应用于其他领域。比如，人们在 20 世纪 70 年代构建了用来分析细菌感染的 MYCIN 系统。系统会询问一系列问题来获得病患的症状信息，然后用 600 多条规则进行推理，得出导致症状的致病细菌种类，并且给出治疗建议。由于当时个人计算机还没有诞生，这个系统运行在大型计算机上。大型计算机是通过分时复用的方式支持多个用户同时使用的，有点像现在的多任务操作系统。终端用户可以通过美国国防部的 ARPA 网络访问大型计算机上的 MYCIN 系统。然而，由于伦理和医疗责任的问题，系统没有实际用于诊疗病人。MYCIN 系统的重要影响是它采用了逆向推理，从可能的诊断结果出发，指导医生进行相关的化验或检查，以确认诊断结果。另外，系统引入了不确定因子，能够进行不确定性推理。

这些早期研究催生了各种专家系统。它们的共同特点是把人类专家的知识表示为规则。比如，在 DENDRAL 系统中，规则可以是"某个质谱分析信号表示可能存在某种分子结构 A"，"结构 A 和结构 B 可以连接为结构 C"，"结构 A 和结构 D 不能兼容共存"等。再如，MYCIN 系统的规则可以是"某种症状表明可能是细菌 A 或者细菌 B 感染"，"检查细菌 A 感染需要进行某种 C 试验和 D 试验"等。

　　将规则和观察到的事实构成知识库后，专家系统就可以在此基础上进行逻辑推理，从而推导出新的知识，用于产生人们希望得到的解释或者决策。利用规则进行推理的过程可以抽象出来，成为通用推理引擎。构造一个新的专家系统不需要重新编写推理引擎，只需要编写新的规则。编写规则的人称为"知识工程师"，他们是领域专家和计算机之间的桥梁。比如，在 DENDRAL 系统中，他们从化学家那里得到有机物分子构成的规则，而在 MYCIN 系统中，他们从医生那里得到各种不同细菌感染的症状和治疗方案。规则通常描述为"如果……那么……"的形式，这种规则称作产生式规则。推理引擎利用规则在已知事实的基础上进行推理，这个过程类似于进行初等几何问题的证明。

1.2　正向推理

　　下面通过一个"动物分类系统"来看专家系统是如何工作的。这个系统有一个由若干条产生式规则组成的规则库，这些规则根据动物的特征将它们进行分类，并把它们编号为 R1~R8。

- R1. 如果它有羽毛，那么它是鸟类。
- R2. 如果它产乳，那么它是哺乳动物。
- R3. 如果它是鸟类，而且不会飞，那么它是走禽。
- R4. 如果它是鸟类，而且会飞，那么它是飞禽。
- R5. 如果它是走禽，而且脖子长，那么它是鸵鸟。
- R6. 如果它是飞禽，而且脖子长，那么它是仙鹤。
- R7. 如果它是哺乳动物，而且以植物为食，那么它是食草动物。
- R8. 如果它是食草动物，而且脖子长，那么它是长颈鹿。

推理的过程分为正向推理和逆向推理。正向推理就是从事实出发,利用规则推导出新的事实,并不断重复这个步骤,直到无法推导出新的事实,或者得出了需要的答案为止。

下面展示了一个正向推理的过程。已知某个动物 A,它有羽毛,脖子长,不会飞。我们可以构建一个事实数据库,最初它只包含关于动物 A 的这 3 个事实,分别编号为 F1、F2 和 F3。动物分类专家系统发现,规则 R1 可以用于事实 F1,从而得到一个新的事实:A 是鸟类。我们将它加入数据库,编号为 F4。如此反复迭代,最终推导出 A 是鸵鸟。该过程如图 1.1 所示。

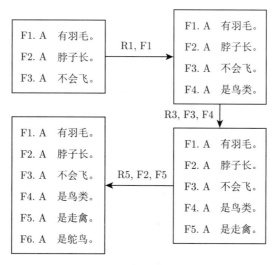

图 1.1　专家系统正向推理过程

1.3　逆向推理

正向推理可以从已知事实推导出新的事实。将这个过程反过来进行,就是逆向推理,即从某个假设出发,推导出满足假设需要的条件。逆向推理可以用来验证假设或者规划求解问题。

比如,已知某动物 B 脖子长且不会飞,那么如果它是长颈鹿,还需要满足哪些条件呢?推理过程如图 1.2 所示。

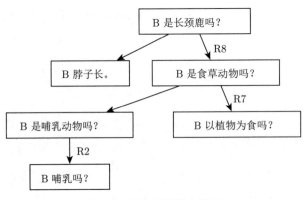

图 1.2　专家系统逆向推理

　　我们从假设出发，寻找满足假设的规则 R8。R8 有两个前置条件，分别是脖子长和食草动物。脖子长是已知事实，于是继续寻找满足食草动物的规则 R7，进一步寻找 R7 的前置条件是否满足。反复如此，可以按照规则展开一个树状结构，树的叶节点就是满足假设需要的条件。逆向推理的过程也可以帮助机器人规划动作，从需要达成的目标出发，推导出应该完成哪些前置动作，以及按照怎样的顺序来执行。

1.4　谓词逻辑

　　专家系统通常采用谓词逻辑来表示事实和规则，并按照逻辑演算法则对事实和规则进行推演。

　　在上述动物分类专家系统中，动物性质可以表示为不同的谓词。比如，"脖子长"就是一个谓词，"哺乳"也是一个谓词。动物 a 的脖子长，可以表示为"脖子长 (a)"，这就构成了一个谓词语句，而且是最基本的谓词语句。括号中的元素是系统论域中的某一个体，在这里就是某个动物。在谓词逻辑中，将其称为个体词，用来指代谓词描述的对象个体。谓词后的括号中也可以有多个元素，这时谓词通常表示这些元素之间的关系。比如，"父亲 (a,b)"可以表示 a 是 b 的父亲。

　　谓词语句是一个可判断真假的命题。命题之间可以进行逻辑运算，因此，谓词语句之间可以用逻辑运算符号进行连接，表达而且（∧，与运算符）、或者（∨，或运算符）、否定（¬，非运算符）的关系。比如，"父亲 $(a,b)\wedge$ 父亲 (b,c)"表示 a 是 b 的父亲，而且 b 是 c 的父亲。

谓词逻辑中，规则表示为"蕴含关系"，用箭头符号（⇒）表示。如果关系两边互为前置条件，也就是互相蕴含，则可以表示为等价关系，用双箭头符号（⇔）表示。下面是一些规则的例子。

- 父亲 $(a,b)\wedge$ 父亲 $(b,c) \Rightarrow$ 祖父 (a,c)
- 父亲 $(a,b) \Rightarrow \neg$ 父亲 (b,a)
- 有羽毛 $(a) \wedge \neg$ 会飞行 $(a) \Leftrightarrow$ 走禽 (a)

在谓词逻辑的体系中，除了谓词之外，还有量词。量词可以帮助我们描述更加复杂的命题。谓词逻辑中有两个量词，分别是"全称量词"(∀) 和"存在量词"(∃)。它们可以引入一个受量词约束的变元，这个变元可以记作 x,y,z 等符号。全称量词表示，把任何个体代入变元 x，命题都成立；而存在量词表示，至少存在某一个体，将它代入变元 x 能使得命题成立。

比如，所有的鸟类都有羽毛而且能生蛋，可以表示为"$\forall x$ 鸟类 $(x) \Rightarrow$ 有羽毛 $(x)\wedge$ 生蛋 (x)"。

再如，有的鸟不会飞，可以表示为"$\exists x$ 鸟类 $(x) \wedge \neg$ 会飞行 (x)"。

1.5　专家系统的贡献和困难

专家系统是早期人工智能研究的重要成果，它解决了知识表示和存储问题，具有数据（知识库或规则库）和算法（通用推理引擎）分离的思想。

在专家系统之前，人们尝试用计算机程序代码直接编写各种智能逻辑。这需要编写代码的人既是计算机专家，又是相关领域的专家，这是很不现实的。专家系统解决了如何把领域知识和计算机推理逻辑分离开来的问题。计算机专家可以专注于构建具有自动推理能力的专家系统引擎，而把抽取领域知识的工作交给更具专业性的领域专家。这也使得专家系统可以迅速地应用于不同的领域，人们只需要根据领域知识构建出若干规则，一个适用于新领域的专家系统就有雏形了。这使得专家系统被迅速推广开来。这种数据和算法分离的思想贯穿于后续的统计学习方法中，算法通常是普遍适用的，与领域无关，领域知识蕴含在数据和模型的参数之中。

在实际应用中，专家系统也面临着各种困难。其中一个主要困难是建立规则库的效率比较低，完全依赖于知识工程师和领域专家人工发现和建立规则。实际的情况是，专家都是在其所擅长的领域里具有重要价值的人，他们的时间非常宝贵。他们通常需要处理很多实际问题，难于抽身出来帮助知识工程师构建计算机软件系统。在专家系统发展的中后期，人们致力于构造更加方便的知识获取工具，辅助专家来设计、调试和验证规则系统。然而，随着规则库越来越大，越来越复杂，人们又发现了更多问题。

规模巨大的规则库，和其他任何规模巨大的系统一样，会面临规模变大带来的全新问题。量变引起质变，大规模系统的首要问题是可扩展性问题。在有上百万条规则的系统中，显然有很多在只有数百条规则的系统中没有遇到过的问题。首当其冲就是推理的性能明显下降，这对当时的计算机性能来说是个严峻的挑战。

而在另一方面，人们发现有些问题甚至无法简单依靠提高计算机的算力来解决。最为显著的就是如何保持规则系统内在的一致性的问题。由于规则是人工建立的，哪怕是专家，也不可避免地在构造规则的时候会出现考虑不周的问题。也许漏掉了一些占比重较小的特例，从而制定了不够严密的规则；也许从不同角度出发来处理同一个问题，造成了规则冗余；甚至不同规则之间有不可调和的差异等。这些问题对于人类来说不可避免，也不会影响我们的思维推理，但是对于死板的计算机来说，就造成了规则系统内在的不一致问题，在某些情况下，可能会导致规则之间产生冲突。

解决这个问题的方法是在加入新规则时验证规则库的一致性。这种验证可以抽象为布尔可满足问题 (Boolean Satisfiability Problem, SAT)。布尔可满足问题是指给定一组含有变量的布尔表达式，判断能否找到一组变量的赋值，使得表达式成立。比如，"a 且非 b" 在 a 为真、b 为假的时候可以成立，它就是可满足的；而 "a 且非 a" 无论 a 怎样取值都无法成立，它就是不可满足的。似乎枚举所有变量可能的组合，就可以确定布尔表达式是否可满足，但是组合的数量跟变量的数量是指数关系，如果有 n 个变量，就会有 2^n 种组合。当变量数量增加时，需要验证的情况数量会呈指数增长。这就如同国王在棋盘格上放入数量依次倍增的米粒的故事，结果会迅速超出我们实际能够接受的计算时间的极限。遗憾的是，这个问题被证明没有更加优化的求解方法。在计算理论中，这被称作 NP 完全问题，是最难解决的那一类问题。

由于这些困难的存在，人们逐渐转入了基于统计学习方法的智能模型，不再依赖于人工制定的硬性规则，而是试图发现实际数据的统计分布规律。虽然在有些时候，我们仍然要对数据进行标注以便将"知识"注入其中供模型利用，但是，这些标注比起请专家制定规则来说要廉价得多。而且统计方法能够帮助我们自动过滤掉一些不够准确的标注，去信赖那些在统计上更占优势的信息，从而自动调和数据中的矛盾，过滤数据中的噪声。

1.6 动手实践

专家系统有很多开源的实现，比如 CLIPS [⊖] 和 PyKe [⊖]。由于专家系统的核心是谓词逻辑描述的规则，所以，各种实现都离不开描述和解析这些规则。用于描述计算机执行过程的一般程序设计语言并不适用于描述专家系统中的规则，因此，人们设计了专门的语言用于专家系统。比如，逻辑程序设计语言 Prolog 就是一种用来描述谓词逻辑的计算机语言。在专家系统流行的年代，Prolog 成为人工智能的专属计算机语言。在 PyKe 的实现中，规则和知识库的描述方式就受到了 Prolog 的启发。而 CLIPS 则采用了类似函数式语言 LISP 的语法来描述专家系统中的规则。

作为计算机语言的研究者和学习者，这些语言还是值得了解的。如果希望使用上述这些专家系统来完成某种工程产品上的需求，那就更加值得深入了解这些语言和系统了。然而，作为动手实践的入门过程，我们希望更加专注于理解专家系统的原理，而避免陷于一种全新的而且并不常用的计算机语言。为此，我们实现一个极为简化的专家系统。

⊖ CLIPS 开源软件地址：https://sourceforge.net/projects/clipsrules。
⊖ PyKe 开源软件地址：http://pyke.sourceforge.net。

1.6.1 简化的专家系统

在这个简化的专家系统的逻辑规则中，只包含"而且"这种关系（与运算）。所有谓词都只描述单一个体的属性，每个谓词只接受一个个体变元。量词也只有全称量词。因此，我们在描述规则的时候，可以省去变元和量词。

下面的一组字符串描述了前面示例中的专家系统。由于没有"非"这个用于否定的逻辑运算符，我们略去了与"不会飞行"相关的规则。

```
rules = ['有羽毛 => 鸟类',
    '产乳 => 哺乳动物',
    '鸟类 and 会飞行 => 飞禽',
    '飞禽 and 脖子长 => 仙鹤',
    '哺乳动物 and 吃草 => 食草动物',
    '食草动物 and 脖子长 => 长颈鹿']
```

这些规则的格式非常固定，很容易解析。我们写一个函数用来解析这些规则，以便用于后续的推理过程。

```
def parse_rules(rules):
    parsed_rules = []
    for rule in rules:
        conditions, result = rule.split(' => ')
        conditions = conditions.split(' and ')
        parsed_rules.append((conditions, result))
    return parsed_rules
```

1.6.2 正向推理

在上面规则的基础上，就可以进行正向推理了。正向推理的过程就是，不断尝试应用规则产生新的事实，直到无法产生新的事实为止。

```
# 正向推理过程，以规则和事实为输入
def forward_chain(rules, facts):
    has_new_fact = True
    # 如果有新的事实产生
    # 就可以不断重复正向推理的过程
    while has_new_fact:
        has_new_fact = False
        for rule in rules:
            # 检查前置条件是否都在已知事实之中
            condition_met = all([x in facts for x in rule[0]])
            if not condition_met: continue
            has_new_fact = rule[1] not in facts
            # 如果可以推出新的事实，把它打印出来
            if has_new_fact:
                facts.append(rule[1])
                print(rule[1])
                break
```

下面我们就可以试验正向推理的过程了。输入"会飞行，有羽毛，脖子长"，我们得到，这是"鸟类，飞禽，仙鹤"。

```
forward_chain(parse_rules(rules), ['会飞行','有羽毛','脖子长'])
# 下面是输出的结果
# 鸟类
# 飞禽
# 仙鹤
```

1.6.3 逆向推理

逆向推理的过程以验证某个假设为目标，所以，需要增加一个参数作为假设的目标。

```
# 逆向推理过程，以规则、事实和假设的目标为输入
def backward_chain(rules, facts, hypo):
    # 如果假设已经在事实之中，可以终止推理
    if hypo in facts: return
    some_rule_applies = False
    for rule in rules:
        if rule[1] != hypo: continue
        some_rule_applies = True
        condition_met = all([x in facts for x in rule[0]])
        # 如果条件已经满足，可以终止推理
        if condition_met:
            facts.append(rule[1])
            return
        # 否则，递归检查不满足的条件
        for fact in rule[0]:
            if fact in facts: continue
            backward_chain(rules, facts, fact)
    # 如果没有任何规则可以应用，需要向用户求证假设
    if not some_rule_applies:
        print('{0}?'.format(hypo))
```

在逆向推理过程中，我们从假设的目标出发，寻找能够产生该目标的规则，递归地验证规则的前置条件是否成立。如果前置条件可以由另外的规则生成，则递归检查那些规则；如果前置条件不能由任何规则生成，就需要向用户问询确认，以求证假设。

下面是一个应用的实例。假设我们知道某种动物脖子长，我们想验证它是否是长颈鹿，那么需要验证哪些条件呢？逆向推理的结果告诉我们，需要检查该动物是否产乳，是否吃草。

```
backward_chain(parse_rules(rules), ['脖子长'], '长颈鹿')
# 下面是输出的结果
# 产乳?
# 吃草?
```

以上，我们实现了在这个简化的专家系统上进行正向和逆向推理。读者可以尝试修改规则解析和推理引擎，引入逻辑"或"和"非"运算。读者还可以尝试修改规则定义，将它应用于其他场景。这是专家系统的优势，移植到其他场景不需要修改推理引擎，只需要重新定义规则。然而，对于很多场景来说，完善自洽的规则并不容易定义出来，这个时候，统计规律就变得更加有效。于是我们就要进入机器学习的世界了。

参考文献

[1] LINDSAY R K, BUCHANAN B G, FEIGENBAUM E A, et al. Dendral: a case study of the first expert system for scientific hypothesis formation[J]. Artificial intelligence, 1993, 61(2):209–261.

第 2 章

决 策 树

昆兰（Quinlan）在 1986 年发表的论文中详细描述了决策树算法 [1]，这是一种用于分类的树状结构，方法简洁、直观而且有效，直到现在仍被广泛使用，或者作为其他方法的基础。决策树最早源于 1963 年的 CLS（Concept Learning System，概念学习系统），用于根据物体的属性进行分类。在 1979 年，昆兰提出了构造决策树的 ID3 算法。该算法最初用来判断国际象棋残局的输赢，后来用于通用分类问题。在此基础上还有一系列的改进算法，如 C4.5。

在昆兰发表决策树算法的时代，机器学习的概念已经提出。人们认识到，学习是智能行为的重要特征，理解学习的过程是理解智能的必由之路。昆兰将当时的机器学习方法分为两类：一类是能够自我改进的自适应系统，它们通过监测自己的性能，调整系统内部参数，向着目标方向做出改进；另一类是基于结构化知识的学习方法，把学习视为获取知识，比如专家系统中的产生式规则。昆兰将决策树纳入后一类学习方法。后一类学习方法在当时的专家系统研究热潮中显得尤为重要，它解决了专家系统获取知识的瓶颈问题。专家系统通常采用"访谈"的方式获取知识，知识工程师对领域专家进行访谈，进而将领域专家所掌握的知识形式化地描述成计算机能够理解的产生式规则。这个过程是非常耗时和低效的，我们在前面章节已经对专家系统面临的这些困难进行了讨论。昆兰也看到了这一点，决策树正是在这种背景下提出的。

2.1 分类问题

我们在专家系统中已经看到过分类问题。决策树和专家系统都以解决分类问题为目标。专家系统依靠规则进行分类，规则是知识工程师和领域专家共同根据人的经验总结出来的。这个过程通常费时费力，而且不能很好地解决一些边界情况或者极端情况，比如，不常见的个例、重复或者冲突的规则。以动物分类系统为例，我们可能会把"卵生"作为爬行动物和鸟类的前置条件，而哺乳动物通常是"胎生"而非"卵生"。然而，哺乳动物中也有特例，鸭嘴兽就是卵生的。基于"胎生"或者"卵生"的区分规则就无法正确处理鸭嘴兽这个特例。又如，"以植物为食"和"反刍"对于食草哺乳动物来说，有可能是两个重复的规则，只有对不同动物进行完善的统计才能发现这两个条件是否完全重叠，或者是恰好存在特例只满足两个条件之一。这种情况仅通过知识工程师对领域专家的访谈很难发现，倘若领域专家不止一人，且他们的知识和经验不完全重叠，就有可能获取到一些重复或者冲突的规则。

决策树不再依赖于人类专家的经验，而是用统计的方法直接从数据中获得"第一手"经验。

我们来看一个简单的分类问题：根据天气来判断是否适合运动。我们从观感、温度、湿度、风力 4 个维度来描述天气情况，表 2.1 中给出了不同天气情况的样本，每行样本包含 4 个天气特征及一个类标签。这是一个二分类问题，类标签表示是否适合运动，只有"是"和"否"两种不同的分类结果。

表 2.1　天气二分类问题的数据表

观感	温度	湿度	风力	适合运动吗
晴	热	潮湿	无风	否
晴	热	潮湿	有风	否
晴	中等	潮湿	无风	否
晴	凉	正常	无风	是
晴	中等	正常	有风	是
阴	热	潮湿	无风	是

（续）

观感	温度	湿度	风力	适合运动吗
阴	凉	正常	有风	是
阴	中等	潮湿	有风	是
阴	热	正常	无风	是
雨	中等	潮湿	无风	是
雨	凉	正常	无风	是
雨	凉	正常	有风	否
雨	中等	正常	无风	是
雨	中等	潮湿	有风	否

2.2　构造决策树

　　构造决策树是一个递归的过程，从整个数据集开始，根据条件将数据集分割为两个互补的子集。这个条件构成了树的分支节点，称为节点的**分支条件**。对于两个子数据集，我们递归地进行分割操作，分别形成节点的左右子树。当数据集被分割为仅包含单一类别的元素集合时，递归分割就终止了，这些不能继续分割的集合是叶节点。对于要分类的样本，可以根据样本特征值从根节点按照分支条件向下走，最终到达的叶节点类别就是样本的类别，这就是利用决策树进行分类的过程。构造决策树的过程可以形象地看作树木生长，从根节点开始分支，逐渐开枝散叶。因此决策树的构造算法也叫作树生长算法。

　　在构造决策树的过程中，选取分支条件非常重要，它决定了树的形态。如果我们随意选取样本特征和值作为分支条件，极有可能得到一棵非常深而且非常宽的决策树。这样的决策树显然要占据更多的存储空间，同时也要耗费更多的计算资源，因为在到达叶节点之前，我们需要做更多的判断。除了这些表面问题之外，一棵庞大复杂的决策树极有可能过拟合样本。由于每一次分类需要更多的前置条件，它极有可能采纳一些无关紧要的条件，而无法捕捉到最为关键的分类依据。这样的决策树"记住"了已知样本中太多次要细节，不利于识别没有出现过的新样本。比如，将动物分类决策树用于区分猫和狗，如果大量分支用于识别毛色、体重、四肢和尾巴长度等非关键信息，也许可以准确地识别出数据集中的已知样本，但是对于未知样本就很容易陷入错误。

这样看来，决策树的大小是成功构建决策树的重要参考依据，而构造一棵更小的决策树的关键是选择合适的分支条件，如图 2.1 所示。下面我们看如何用昆兰提出的 ID3 算法来解决这个问题。

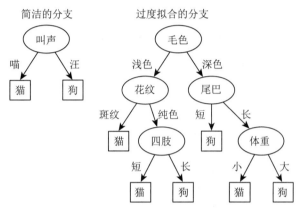

图 2.1 不同的分支条件导致决策树具有不同形态

2.3 ID3 算法

ID3 算法的全称是 Iterative Dichotomiser，这是一个迭代二分算法。为了使分支尽快到达叶节点，在对落入某个节点的样本进行分割的时候，应该力求分割得到的两个集合具有较高的纯度。这个算法利用了信息熵来衡量分割的纯度，p 表示正样本（分类为是）的比例，n 表示负样本（分类为否）的比例，一组样本的熵 $H(p, n)$ 定义如下。

$$H(p, n) = -\frac{p}{p+n} \log_2 \frac{p}{p+n} - \frac{n}{p+n} \log_2 \frac{n}{p+n}$$

熵是不确定性的度量，如果一组样本大都属于同一类别，纯度高，那么它们的不确定性就低，熵就小。反之，样本纯度低，熵就大。假设某个分割 A 将样本分为两组，两组正负样本数量分别为 (p_1, n_1) 和 (p_2, n_2)，分割后的熵就是两组熵的加权和。

$$H(A) = \frac{(p_1 + n_1)H(p_1, n_1) + (p_2 + n_2)H(p_2, n_2)}{p_1 + n_1 + p_2 + n_2}$$

好的分割应该能够让熵减小更多。由于熵减小的过程对应着信息量的增加（信息可以消除系统的不确定性，因此信息使得熵减小），因此算法把减小的熵叫作"信息增益"gain。选择节点分支条件时，我们要选取信息增益最大的分支条件。gain(A) 越大越好。

$$\text{gain}(A) = H(p, n) - H(A)$$

我们回到天气数据集，数据集中有 9 个正样本和 5 个负样本，它的熵是 $H(9,5) = 0.940$。如果选择天气晴作为分支条件，可以得到信息增益如下：

$$\text{gain}(A) = H(9,5) - \frac{5 \times H(2,3) + 9 \times H(7,2)}{14} = 0.102$$

表 2.2 计算了所有不同分支条件的信息增益。从数据中可以看出，我们应该选择天气阴作为分割条件，它的熵最小或者说信息增益最大。

表 2.2   选择不同条件分割数据集的信息增益

分支条件	p_1	n_1	p_2	n_2	分割后的熵	信息增益
晴	2	3	7	2	0.838	0.102
阴	4	0	5	5	0.714	0.226
雨	3	2	6	3	0.937	0.003
热	2	2	7	3	0.915	0.025
中等温度	4	2	5	3	0.939	0.001
凉	3	1	6	4	0.925	0.015
潮湿	3	4	6	1	0.788	0.152
无风	6	2	3	3	0.892	0.048

这样我们就把数据集分成了两部分，并且形成了决策树的根节点和第一层分支。其中，"是"分支得到了一个叶节点，我们需要继续对"否"分支进行递归的操作。最终我们会得到一棵决策树，如图 2.2 所示。

值得注意的是，ID3 算法是一个贪心算法。每次选取分支条件的时候，它只关注局部最优，也就是如何对落入当前节点的数据子集进行分割，因此并不能保证得到全局最优的决策树。比如，对于上述天气分类问题，其实可以构造更精简的决策树。然而，这不妨碍 ID3 成为一个简洁有效的算法。一些后续的树生成算法采用了回溯和剪枝等方法，进一步改进了生成的决策树的结构。

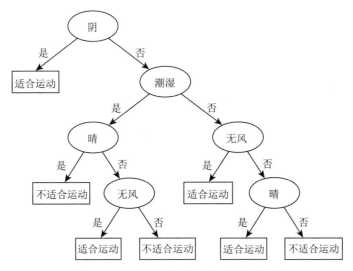

图 2.2　ID3 算法得到的天气分类决策树

2.4　信息熵

在度量分支优劣的时候，我们用到了信息熵的概念。信息熵和热力学熵在本质上是相通的，它们度量了系统的不确定性或者说无序程度。在热力学中，熵和系统的微观状态数呈对数关系。在信息论中，熵有类似的定义，它与随机事件的概率呈对数关系。熵是一个抽象的概念，下面我们试图从具体的角度来理解熵是如何定义的。

为了理解熵的度量，我们通过一个例子来观察熵和信息的关系。考试单项选择题有 A、B、C、D 这 4 个选项，如果我们不知道题目怎么做，那么 4 个选项都有可能是正确答案，此时这个"系统"具有极大的不确定性，它的熵很大。现在，老师给我们提示说 A 和 B 都是错误的，因此系统的不确定性就大大降低了。因为老师带来了信息，我们得知可能的正确选项只剩下两个，信息使得熵减小了。所以说，信息和熵是互补的，信息蕴含着负熵。如果老师直接告诉我们正确答案，那么系统的不确定性就完全消除了，熵就减小到了 0。由此可见，系统的熵等于完全消解它的不确定性所需要的信息量。

如何描述信息和熵的数量呢？我们需要一个单位，在数字世界里，最为通用的信息单位是比特（bit），也就是一个二进制位。回到单项选择题的例子，最初 4 个选项都有可能是正确的，为了区别这 4 种情况，我们需要 $\log_2 4 = 2$ 比特（0、1、2、3 这 4 种情况用二进制表示为 00、01、10、11，需要 2 个二进制位，即 2 比特）。在老师给出提示后，只有两个选项之一是正确的，区分两种情况需要 $\log_2 2 = 1$ 比特（0 和 1 两种情况只需要 1 位二进制数就可以表示，因此是 1 比特）。因此，系统最初的熵是 2 比特，老师带来了 1 比特信息后，熵减小到了 1 比特。

我们更一般化地考虑一个离散变化的系统（连续变化的系统会有无穷多种状态），它的状态是不确定的，但是总是有限的 N 种可能状态之一。为了简化讨论，我们假设系统处于每一种状态的概率都是相等的。那么，我们需要 $\log_2 N$ 位二进制数来区分 0 到 $N-1$ 的不同状态，它的熵就等于 $\log_2 N$。系统的熵（或者信息量）与状态数呈对数关系，对数底数的选择并不影响熵的相对大小，只影响衡量单位数量的熵的尺度。因此，不同底数对应于熵的不同单位，以 2 为底数的时候，单位是**比特**。当然我们也可以用自然对数来进行计算，那样的话，单位叫作**奈特**。

下面我们来看随机事件和随机变量。假设某个事件发生的概率为 p，系统在事件发生前具有 N 种可能的等概率状态，事件发生使得可能的状态坍缩到 $p \times N$ 种。在这个过程中，熵从 $\log_2 N$ 减小到 $\log_2 pN$，这个事件的熵是 $\log_2 N - \log_2 pN = -\log_2 p$。如果有一个随机变量 x，它可以取集合 X 中的值，每个取值的概率为 $p(x)$，那么这个随机变量的熵 H 就是取各种可能值的熵的期望。

$$H = \sum_{x \in X} -p(x) \log_2 p(x)$$

下面我们再回到决策树的问题。落入某个树节点的样本类标签是一个取值为 $\{0,1\}$ 的随机变量，不同取值的概率就是正负样本的比例。假设类标签为 1 的概率是 p，那么标签为 0 的概率就是 $(1-p)$，节点标签的熵是 $H = -p \log_2 p - (1-p) \log_2 (1-p)$，就是我们前面用到的公式。

熵 H 和正样本比例 p 的关系如图 2.3 所示。可以看出，当样本比例接近于 0 或者 1 的时候，样本集纯度比较高，熵就很小。反之，当正负样本比例相当的时候，熵达到最大值。

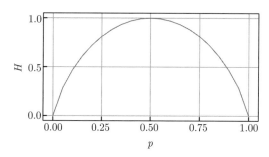

图 2.3 熵 H 和正样本比例 p 的关系

2.5 基尼不纯度

熵并不是衡量数据集类别纯度的唯一度量。在另一种决策树生成算法 CART 中 [2]，采用了基尼不纯度（Gini impurity）来度量数据集的纯度。

基尼不纯度衡量了一个随机选中的样本在数据子集中被分错的可能性。当基尼值大时，数据子集的纯度低，样本被分错的可能性大；当基尼值小时，数据子集的纯度高，样本被分错的可能性小。

假设样本落入了某个决策树节点代表的数据子集，在这个子集上，某个类别 i 的样本所占比例为 p_i。那么，样本是类别 i 的概率就是 p_i。真实类别为 i 的样本落入该节点后，被错误分类为其他类别的概率是 $(1-p_i)$。假设有 J 个不同类别，那么，一个随机样本被错误分类的概率如下：

$$\text{Gini} = \sum_{i=1}^{J} p_i(1-p_i)$$

$$= \sum_{i=1}^{J} p_i - \sum_{i=1}^{J} p_i^2$$

$$= 1 - \sum_{i=1}^{J} p_i^2$$

我们考虑在只有 2 个类别的情况下，如果正负样本数量参半，那么，Gini 值等于 $1 - 0.5^2 \times 2 = 0.5$。如果数据集中全部为正样本或者全部为负样本，那么，Gini 值等于 $1 - 1^2 = 0$。可见，完全纯净的数据集的 Gini 值为 0，而不纯净的数据集的 Gini 值会趋向于 1。因此，Gini 值是不纯度的度量。当选择决策树的节点划分时，我们选择使得 Gini 值极小化的划分。

2.6 动手实践

2.6.1 计算信息熵

首先，我们定义一个函数用来计算熵。函数以一组类标签（0 或者 1 组成的数组）为输入，输出数据集的熵。熵越高，表示数据集越混乱；熵越低，表示数据集越单纯。决策树希望找到能够把数据集分割为较为单纯的子集的划分。

```python
import math

# 计算概率为x的随机事件的熵
def h(x):
    if x >= 1 or x <= 0: return 0
    return -x * math.log2(x)


# 计算包含0和1两个类别的数据集的熵
def data_entropy(labels):
    if len(labels) < 1: return 0
    # 计算正样本比例
    p = sum(labels) / len(labels)
    # 计算负样本数量
    n = 1 - p
    return h(p) + h(n)
```

下面我们测试上面的函数。可以看到，它的输出能够反映出数据集中类标签的纯度。当数据集中正负样本数量参半时，熵达到最大值。反之，当数据集只包含单一类别的样本时，熵达到最小值。

```
print(data_entropy([0,0,0,1,1,1]))
# 输出1，表示熵最高，数据集中正负样本参半，纯度低
print(data_entropy([0,1,1,1,1,1]))
# 输出0.65，比上面的数据集要单纯一些
print(data_entropy([0,0,0,0,0,0]))
# 输出0，表示熵最低，数据集最为纯粹，只包含单一类别的样本
```

2.6.2 构造决策树

下面，我们要在前面所述的天气二分类问题的数据上进行决策树算法的实验。首先，准备数据集，将每一条数据描述为一个具有 5 个元素的数组，分别记录天气的观感、温度、湿度、风力和是否适合运动。对于天气观感，用 0 表示晴，1 表示阴，2 表示雨；对于温度，用 0 表示热，1 表示中等，2 表示凉；对于湿度，用 0 表示潮湿，1 表示正常；对于风力，用 0 表示无风，1 表示有风；对于类标签，即是否适合运动，用 0 表示不适合，1 表示适合。

```
import numpy

# 每一行的5个元素分别表示
# 天气观感（晴、阴、雨），温度，湿度，风力和是否适合运动
weather_data = numpy.array([[0,0,0,0,0],[0,0,0,1,0],[0,1,0,0,0],
    [0,2,1,0,1],[0,1,1,1,1],[1,0,0,0,1],[1,2,1,1,1],
    [1,1,0,1,1],[1,0,1,0,1],[2,1,0,0,1],[2,2,1,0,1],
    [2,2,1,1,0],[2,1,1,0,1],[2,1,0,1,0]])
```

值得注意的是，我们用 numpy 软件包 ⊖ 将数据封装为一个 numpy 数组。这是因为，numpy 数组可以存储各种不同维度的向量（一维数组）、矩阵（二维数组）和张量（三维或者三维以上的数组），而且可以很方便地对这些数组进行索引和计算。可以使用

⊖ numpy 软件包的官方网站：https://numpy.org。

Python 的软件包管理器pip来安装 numpy 软件包。我们后面还会常常用到 numpy 软件包进行数据处理和计算。

```
pip install numpy
```

下面我们开始实现决策树算法。决策树算法递归地分割数据集，每一次都尽可能使得分割得到的两个数据子集的熵较低。因此，需要计算数据划分的熵。这里我们定义一个函数，以数据集、划分选取的属性和属性值为输入，输出为划分的熵，以及划分得到的两个数据子集。

```
# 计算某个划分的熵
# 输入是数据集、划分选取的属性和属性值
# 输出是熵和分割出的两个数据集
def split_entropy(data, property_id, property_value):
    # 选取property_id这一列与property_value进行比较
    left_index = data[:, property_id] == property_value
    right_index = data[:, property_id] != property_value
    # 根据比较结果选取分支两侧的数据子集
    left_data = data[left_index, :]
    right_data = data[right_index, :]
    # 取数据子集的最后一列，即类标签列，计算子集的熵
    left_entropy = data_entropy(left_data[:,-1])
    right_entropy = data_entropy(right_data[:,-1])
    # 计算分割后两个子集的加权平均熵
    split_entropy = (left_data.shape[0] * left_entropy + right_data.shape[0] *
        right_entropy) / data.shape[0]
    return split_entropy, left_data, right_data


print(split_entropy(weather_data, 0, 0)[0])
# 输出0.838，即用天气观感"晴"作为划分条件，分割得到的两个数据集的平均熵是0.838
```

在此基础上，我们可以通过枚举所有属性和可能的划分，找到对于当前数据集最优

的划分。

```
# 选择划分的函数
# 输入是数据集，输出是划分后的熵、选取的属性和属性值，划分后的数据子集
def find_split(data):
    min_entropy = None
    best_split_property_id = None
    best_split_property_value = None
    best_split_left = None
    best_split_right = None
    # 枚举所有属性
    for index in range(data.shape[1] - 1):
        # 获取该属性的可能取值
        unique_values = numpy.unique(data[:,index])
        if len(unique_values) < 2: continue
        # 枚举属性和可能的划分（划分比取值数量少1）
        for value in unique_values[0:-1]:
            entropy, left, right = split_entropy(data, index, value)
            if min_entropy is None or min_entropy > entropy:
                min_entropy = entropy
                best_split_property_id = index
                best_split_property_value = value
                best_split_left = left
                best_split_right = right
    return min_entropy, best_split_property_id, best_split_property_value,
        best_split_left, best_split_right


split = find_split(weather_data)
print('entropy={0} property_id={1}, property_value={2}'.format(
    split[0], split[1], split[2]))
# 输出:
# entropy=0.714... property_id=0, property_value=1
```

从上面的实验结果可以看到，对于天气数据集，第一个划分应该选取天气观感是否为"阴"，这样划分后数据集的平均熵最小。

下面我们来构造并打印决策树，只要递归地使用 **find_split** 函数即可。当无法产生有效划分的时候，就到达了决策树的叶节点；如果能够将数据集划分为两个子集，就可以把它们作为左右子树递归地划分下去。

```python
# 构造并打印决策树
# 输入参数是数据集和控制缩进用的空白
def build_decision_tree(data, tabspace):
    class_count = len(numpy.unique(data[:,-1]))
    # 如果数据集包含不同类别，就进行划分
    if class_count > 1:
        split = find_split(data)
    else:
        split = [None]
    # 如果无法划分，则到达决策树的叶节点
    if split[0] is None:
        print('{0}class={1}'.format(tabspace, data[0,-1]))
        return
    # 如果划分成功，递归地划分左右子树
    print('{0}property{1} value={2}'.format(tabspace, split[1], split[2]))
    build_decision_tree(split[3], tabspace + ' ')
    build_decision_tree(split[4], tabspace + ' ')

build_decision_tree(weather_data, '')
```

上面的算法在天气数据集上会输出下面的决策树。从上向下读这个输出结果，可以看到第 1 行是决策树的根节点所选取的划分，用属性 0 取值 1（天气观感为阴）来划分。第 2 行缩进显示了左子树，左子树仅包含类别为 1（适合运动）的样本，因此不能继续划分，到达了叶节点。第 3 行显示了右子树，右子树采取属性 2 取值 0（湿度为潮湿）进行划分，分为左、右两棵子树。两棵子树可以继续递归划分下去，以此类推。读者可以将它与图 2.2 做对比，看是否一致。

```
property0 value=1
  class=1
  property2 value=0
    property0 value=0
      class=0
      property3 value=0
        class=1
        class=0
    property3 value=0
      class=1
      property0 value=0
        class=1
        class=0
```

2.6.3　使用 scikit-learn 软件包

当我们实际使用机器学习算法的时候，通常不需要从头开始重复"制造轮子"。"制造轮子"是我们学习的必由之路，可以帮助我们理解"轮子"的原理。但是在实际使用过程中，我们可以直接使用一些已经构筑好的、更加坚固的"轮子"。我们使用软件包有两方面原因。一方面，有些算法进行完善的实现是相当复杂的，软件包可以帮助我们节省时间，避免重复劳动；另一方面，软件包对算法的性能进行了充分的优化，排除了常见的漏洞，妥善处理了可能存在的边界情况或者极端情况，可以有效地帮助我们快速、准确地使用各种算法和模型。

当然，"制造轮子"在有些情况下仍然是无法避免的。比如，如果读者希望深入理解某个算法或者模型的原理，或者想对算法进行一些修改、裁剪或者改进，那么，从头开始实现这个算法是很有必要的。再如，如果出于某些工程需求，我们要把算法应用于某个特定场景中，或者对算法的性能和运行环境有某些特殊要求，那么就需要采用适于目标环境的实现方式，针对特定的应用场景对算法的实现进行技术上的优化，这就要求我们必须重新实现该算法，而这是复用现有软件包难以实现的。

在这里，我们介绍 scikit-learn 软件包 ⊖ 该软件包实现了机器学习的大部分常用算法和模型，读者可以利用这个软件包快速地试验或者应用某种算法。我们可以用 Python 软件包管理器安装这个软件包。

```
pip install scikit-learn
```

下面我们利用 scikit-learn 构建决策树分类器。在 scikit-learn 软件包中，分类器的训练数据通常包含样本属性数据X和样本的类标签Y两个部分。其中，X是一个矩阵，矩阵的每一行是一个样本，样本的不同属性对应于矩阵的各列。而Y是一个数组，包含各样本的类标签。我们使用fit方法从样本数据构造决策树，用predict方法对输入样本进行分类。分类方法可以接收多行数据（多个样本），同时对多行数据进行分类，因此，输入是一个二维矩阵，输出是一个数组。

```python
from sklearn import tree
X = weather_data[:,0:-1]
Y = weather_data[:,-1]
clf = tree.DecisionTreeClassifier()
# 用数据构造决策树
clf.fit(X, Y)


# 用决策树进行分类
result = clf.predict([[0,0,0,0]])
print(result)
# 输出: [0] 表示不适合运动


# 将决策树的结构可视化
tree.plot_tree(clf)
```

如图 2.4 所示，在可视化的决策树结构图中，每个节点的第 1 行表示划分子树的条件，叶节点由于不需要进一步划分，因此这一行是缺失的。第 2 行是落入节点的数据子

⊖ scikit-learn 软件包的官方网站：https://scikit-learn.org。

集的基尼不纯度（Gini 值），第 3 行是数据子集的样本量，第 4 行是不同类别的样本数量。图 2.4 中的树结构和我们用 ID3 算法得到的并不相同，其中的原因有两点。

1）scikit-learn 软件包采用的是 CART 算法[1]，该算法可以更好地用于具有连续取值的属性，并且同时适用于分类和回归问题。

2）该算法将天气观感这样的离散枚举型样本属性当作连续值处理，因此，得到的划分与 ID3 算法不同。

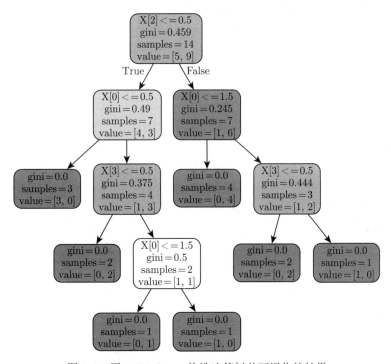

图 2.4　用 scikit-learn 构造决策树并可视化的结果

值得注意的是，scikit-learn 中的 CART 决策树算法并不支持枚举型的样本属性，只支持数值型的样本属性，也就是说，样本属性构成的矩阵X中的值必须全部为数值。严格来说，天气观感为晴、阴、雨这样的属性是枚举类型的，3 个值之间并无数值上的大小关系，将它们直接映射到单个数值是稍有问题的。比如，如果设 0 表示晴，1 表示阴，2 表示雨，就隐含了这样的假设，即晴和阴之间的距离与阴和雨之间的距离是相同的，而晴和雨之间的距离是晴和阴之间距离的 2 倍。这样的假设对于天气观感这个属性来说并没有太大坏处。然而，对于某些枚举值更多的属性或者类别信息来说，将它们直接映射到整数上，是极有可能带来问题的。比如，假设有个属性表示动物的类别，那么将它们映射到整数上就会给这些类别凭空赋予次序的关系和距离的差异。严格来说，为了使枚举值之间的距离相互均等，应该采取"独热"（One-hot）表示映射到数值类型，比如，天气观感为"晴、阴、雨"，应该映射到 3 个数值维度，分别用 1 和 0 表示"是否晴""是否阴""是否雨"，于是"晴、阴、雨"分别表示为 $[1,0,0]$, $[0,1,0]$, $[0,0,1]$。这样的数值表示保证了各个枚举值之间的欧氏距离一致，不会引入次序关系和距离差异，是更加严谨的表示方式。"独热"表示是机器学习中常用的数据表达方式，我们会常常遇到它。

参考文献

[1] QUINLAN J R. Induction of decision trees[J]. Machine learning, 1986, 1(1):81–106.

[2] BREIMAN L, FRIEDMAN J, OLSHEN R, et al. Classification and regression trees[J]. Biometrics, 1984.

第 3 章

神经元和感知机

早期人工智能有符号主义、联结主义和行为主义几种不同的流派。符号主义的代表是专家系统，主张用符号计算和逻辑推演描述和解决问题。行为主义关注系统的感知和动作，后来发展为控制论。联结主义采取了仿生学的方法，认为智能存在于神经元的连接中。感知机模型是最早模拟神经元的智能计算模型，是现代神经网络模型的基础。

真实生物神经元的活动非常复杂，如果我们直接对神经元细胞的膜电位、放电频率等进行建模，那么在构建更大规模的人工神经网络模型时，会面临不可控的复杂度和难以满足的计算力需求。因此，感知机模型忽略了一些细节，将神经元视作一个从输入映射到输出的函数。它抓住了神经元的关键特性进行简化和抽象，使感知机模型得到了广泛认可和应用，成为构筑复杂神经网络模型，解决一系列关于图像、自然语言文本、语音、序贯决策等问题的基础。

3.1 生物神经元

生物神经元是一种高度分化的细胞，能够感受和传导刺激。如图 3.1 所示，神经元上有很多突起。在靠近细胞体的位置有很多较短的突起，叫作树突。**树突**直接从细胞体扩张突出，分支多而且短，形状如同树枝，它能够从感受器或者其他神经元接收刺激，承担接收输入信号的功能。神经元通常有一根较为细长的突起，叫作轴突。**轴突**往往很长而且粗细均匀，形状如同细索，被髓鞘包裹成为神经纤维，在末端产生分支。轴突的作用是传输神经元产生的信号，通过其末端突触传递给其他神经元或者动作器官的细胞（如肌肉）。轴突承担输出的功能。

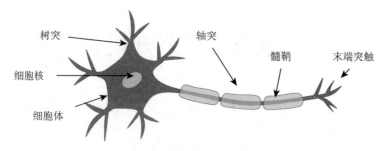

图 3.1　神经元示意图

神经冲动实际上是神经元细胞膜内外两侧电位差的波动。细胞膜是一个半透膜，膜两侧液体中的带电离子维持着一定的浓度差，构成了神经元的**静息电位**。当神经元受到刺激时，能引起细胞膜上的离子通道（钠离子和钾离子的通道）发生一系列开启和关闭的动作，造成带电离子大量跨膜运动，产生一个大而短暂的电位差波动，叫作**动作电位**。动作电位会沿着轴突传输到轴突末端，触发末端突触释放一些叫作神经递质的化学物质，将信号传递给其他神经元。动作电位结束后，细胞膜上的离子通道会将膜内外电位差恢复到静息电位。

神经冲动是一种非线性的脉冲信号，遵循全有全无律（all-or-none law）。只要刺激超过了阈值，不论超过多少，都会触发神经冲动，并没有介于产生神经冲动和不产生神经冲动之间的状态。神经元活跃度的强弱表现为神经冲动的频率，频繁的神经冲动表明较强的神经活动信号。这种非线性的性质是感知机模型模拟神经元的关键，也是神经元通过连接组合能够产生复杂活动的必要条件。假设神经元活动的输入/输出是线性关系，那么无论我们怎样叠加，多个神经元活动的总和仍然是线性的。单个神经元模型的非线性性质是构筑具有丰富的表达力的复杂神经网络模型的基础。

3.2 早期感知机模型

弗兰克·罗森布拉特（Frank Rosenblatt）在 1957 年发表了一篇描述最早的神经元模型——感知机模型的论文[1]。由于现代电子计算机在当时尚处于雏形期，弗兰克描述的感知机是用电子电路设计的机器，而不是现代意义上的算法或者计算机软件程序。论文中还给出了一系列电路设计图，用来实现感知机的计算功能和学习功能。

弗兰克的感知机包含 3 个部分：感受器（Sensory System）、连接器（Association System）和响应器（Response System）。感受器包含若干输入单元，可以将视觉或者声音等各种信息转换为电信号，与连接器单元建立兴奋或者抑制连接。连接器单元可以累加输入信号，当信号超过一定阈值时就产生一个电信号输出到响应器单元。响应器单元累加来自连接器的信号，当超过一定阈值时就触发显示或者打印动作，作为机器的输出。同时，响应器单元可以抑制其他响应器单元或者连接器单元，从而实现互斥的输出，只有具有极大值的响应器单元才会被激活并产生输出。

感知机的学习方式类似于神经系统的**赫布法则**（Hebbian Rule）。赫布法则是一个神经生物学理论，它解释了生物神经元在学习过程中发生的变化，描述了神经突触可塑性的基本原理。神经突触连接的两个神经元重复传递刺激信号，可以导致突触连接的性能增强。当某个神经元 A 的轴突与神经元 B 很接近，而且它们总是同时激活时，这两个神经元就会发生某些生长过程或者代谢变化，导致神经元 A 能使 B 兴奋，也就是说从神经元 A 到 B 的突触连接被建立或者增强了。赫布法则可以解释生物神经网络通过反复接收同一组刺激来学习某种模式的过程。如果输入刺激总是导致一组神经元同时被激活，它们之间的连接就会大大增强。于是，当刺激其中一个神经元时，另一个神经元也会被激活，而不相关的神经元活动将受到抑制。神经网络通过这种方式就学习到了刺激中重复出现的模式。弗兰克的感知机就是通过这种方式学习输入和输出之间的联系的。

在弗兰克的感知机中可以训练的参数是连接器单元的输出电压，当连接器单元两端的输入模式和输出模式同时被激活的时候，连接器的输出就增强一些，这样输入和输出模式就可以被关联起来。当相同的输入模式再次出现时，对应的输出单元就有更大的概率被激活。

当时人们对这种能够进行学习的机器寄予厚望，弗兰克在论文中构想这个模型不仅可以处理瞬时输入，甚至可以拥有记忆，能够处理连续的输入，感受器单元可以接收诸如图像、声音等各种类型的信号。人们认为在此基础上可以构建出能够行走、读写、具有意识、能够自我复制的机器人。然而，后续的理论研究打破了人们的幻想，人们发现感知机的能力仅仅局限于解决线性可分问题。

3.3 现代的模型

感知机模型是各种神经网络模型的基本单元，那么看如何用现代方法描述感知机模型呢？它解决的仍然是从输入到输出的映射问题，输入可以是图像像素的亮度值、声音信号在某个时刻的声波振幅、样本的某个特征值等，输出则是我们希望模型能够从输入模式中识别出的类型信息或者某种预测值。比如，在图像识别的场景中，输入图像是猫和狗的照片，我们希望能够通过输出 0、1 数值来区分图像中是猫还是狗。再如，在医学诊断的场景中，输入是病人的各项检查指标，例如血压、心率、血糖、血脂等，输出则是患有某种疾病的概率。

假设有 N 个输入维度，那么用 x_i 表示第 i 个维度的输入值（$i = 1, \cdots, N$）。感知机如同生物神经元一样，对输入刺激进行叠加，这个叠加过程是线性加权叠加，有的刺激起作用大，权重就高一些，有的刺激起作用小，权重就低一些，还有的刺激起抑制作用，权重就是负值。第 i 维输入的权重用 w_i 表示。若输入刺激叠加超过一定阈值就会将神经元激活，这个过程我们用一个激活函数 σ 来表示。那么，神经元的输出就可以表示为以下公式：

$$y = \sigma \left(\sum_{i=0}^{N} w_i x_i \right)$$

激活函数 σ 可以是一个分段函数，当自变量取值大于阈值时，函数值为 1，否则，函数值为 0。通常，我们不希望函数的定义与阈值相关，因此，可以引入一个新的量 b，作为叠加的一部分，用来调整阈值，这个量通常叫作偏置（bias）。

$$y = \sigma\left(\sum_{i=0}^{N} w_i x_i + b\right)$$

其中

$$\sigma(t) = \begin{cases} 1 & \text{如果 } t > 0 \\ 0 & \text{如果 } t \leqslant 0 \end{cases}$$

有时候也可以忽略参数 b，只要我们假设有某个额外的输入 x_i 总是等于 1，那么它的权重 w_i 就可以看作 b。

另外，激活函数 σ 还可以有很多种不同的形式，它主要用来模拟神经元激活这种非线性过程，只要是单调递增的非线性函数就可以（线性函数就是具有 $y = kx + b$ 这种形式的一次函数）。我们后面会看到，为了能够自动学习感知机的权重参数，模型训练过程需要计算激活函数 σ 的导数，因此，我们希望它是连续可导的（如果是分段函数的话，至少在每一段上可导），而且导数不能总是等于 0，因为导数等于 0 会使感知机找不到学习改进的方向。下面是一个满足以上这些约束的常用激活函数，称作 Sigmoid 函数，如图 3.2 所示。

$$\sigma(t) = (1 + e^{-t})^{-1}$$

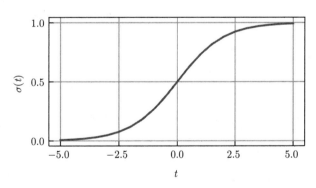

图 3.2 Sigmoid 激活函数 $\sigma(t)$ 的图像

Sigmoid 函数的导数有个奇妙的性质，即它可以通过函数值直接计算得到。

$$\sigma'(t) = \sigma(t)(1 - \sigma(t))$$

3.4 学习模型参数

3.4.1 梯度下降法

感知机模型可以调节的参数是权重和偏置。对于简单的问题，这些参数可以人工设置，比如求解逻辑与、逻辑或运算的感知机，如图 3.3 所示。

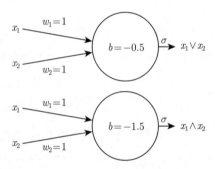

图 3.3   计算逻辑与运算和或运算的感知机

对于复杂的模型，我们需要能够从训练样本数据中自动学习到参数的取值。假设对于输入 $\{x_1, \cdots, x_N\}$，感知机的实际输出值是 y，而期望的输出目标值是 $\hat{y}$。学习的目标就是通过调整参数 w 和 b，使得实际输出值 y 和目标值 $\hat{y}$ 之间的差距极小化。衡量两者之间差异的方式有很多种，比如，差的绝对值，也就是绝对误差 $|y - \hat{y}|$；或者差的平方，也就是平方误差 $(y - \hat{y})^2$。这里不展开讨论各种误差函数的定义，为了数学计算方便，主要是便于求导计算，采用平方误差，而且给它加上一个系数。误差定义方式如下。

$$E = \frac{1}{2}(y - \hat{y})^2$$

可以看到，误差 E 是 y 的函数，因此它也是 w 和 b 的函数。如何调整自变量的值，才能使得函数值更小呢？我们采取一种贪婪的、渐进的方法，每次观察当前取值周围局部的情况，做一个小调整，使得函数值小一些，然后不断重复这个过程，直至达到函数的极小值，或者足够小到我们认为可以停止学习。这个过程像下山，也许我们无法宏观地观察整个地面的起伏变化，但是选择沿着眼前的下坡路走下去，有很大希望能够走向谷底。我们称之为梯度下降法。如图 3.4 所示，为了逼近最小值，要沿着与导数相反的方向前进，对于多维函数，就是要沿着与梯度（偏导数）相反的方向前进。因此，称为**梯度下降法**。可以把它直观地想象为一个小球沿着山坡向下滚动，从而寻找到谷底最低的地方。

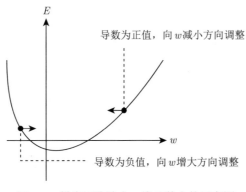

图 3.4　梯度下降法在一维函数上的示意图

3.4.2　Delta 法则

下面来计算误差 E 对权重 w_i 的偏导数，这时我们可以理解为什么要求激活函数 σ 是可导的，否则我们无法计算导数。

$$\Delta w_i = -\alpha \frac{\partial E}{\partial w_i}$$

$$= -\alpha \frac{\partial E}{\partial y} \frac{\partial y}{\partial \left(\sum_j w_j x_j + b\right)} \frac{\partial \left(\sum_j w_j x_j + b\right)}{\partial w_i}$$

$$= -\alpha \cdot (y - \hat{y}) \cdot \sigma' \left(\sum_j w_j x_j + b\right) \cdot x_i$$

上面公式中有一个常数 α，它是用来调整每次微调参数的步长，叫作学习率。通常它是一个比较小的正数，比如 0.01。从计算结果可以看出，权值的更新是符合赫布法则的。当输入和输出要同时激活的时候，输入 x_i 是正值。由于我们希望输出增大，$(y - \hat{y})$ 是负值，而激活单数是单调增函数，导数 σ' 总是正值，所以权值增量 Δw_i 是正值，也就是说两个激活神经元之间的连接权重会增加。反之，如果输入/输出不同时激活，权值的更新量就会是负值。由此可见，通过梯度下降法得到的感知机权值更新策略和赫布法则是相似的，这从侧面印证了用赫布法则来解释神经突触塑造过程的合理性。

当激活函数是 Sigmoid 函数时，我们可以利用 Sigmoid 函数导数的特殊性质，进一步简化权值更新公式。

$$\Delta w_i = \alpha \cdot (\hat{y} - y) \cdot y \cdot (1 - y) \cdot x_i$$

无论我们采取哪一种激活函数，由于激活函数的导数 σ' 总是正值，即使将它省去也不会影响权值调整的方向。这样我们就得出了更加简洁的 **Delta 法则**。

$$\Delta w_i = \alpha (\hat{y} - y) x_i$$

与早期感知机采用的赫布法则相比，Delta 法则或者梯度下降法采用了一种更为一般化的数值优化方法，可以推广到更加复杂的模型，比如人工神经网络。只要我们把输出定义为输入和权重的函数，就可以进一步得到误差也是输入和权重的函数，然后就可以对权重求偏导数，采取梯度下降法，调整权重以减小误差。这是求解很多机器学习模型的共同思路。

3.5 动手实践

3.5.1 实现感知机模型

下面我们实现一个感知机模型。感知机模型需要哪些参数呢？首先，需要知道输入的维度，或者说每个输入样本作为向量的长度，用参数`input_size`表示。然后，还要设置其他的**元参数**，所谓元参数，就是参数之上的参数。感知机模型本身可以学习的参数是输入连接的权值，然而，还有两个元参数可以控制学习权值参数的过程，这两个元参数就是学习率和训练次数，用`alpha`和`n_iter`表示。

在确定了输入维度之后，我们就知道了权值的数量，可以初始化权值了。权值可以初始化为 0，也可以初始化为随机值。对于感知机模型来说，这个选择并不是非常重要。

但是，对于更加复杂的模型，比如深度神经网络来说，权值的初始化很可能影响模型训练的难度。当我们把梯度下降算法想象为小球滚落山谷，如果恰好小球落入一个海拔较高的盆地，那么，它很可能陷在里面而没有机会到达更深的谷底。如果有一类问题，由于其本身的某些特性，使得误差函数构成的曲面在权值为 0 的地方总是形成一个海拔较高的盆地，那么，用 0 初始化权值就会使得这类问题难以训练出好的模型。我们选择将权值初始化为随机值，这样可以在概率上规避类似的问题。

```
import numpy

class Perceptron(object):
    def __init__(self, input_size, alpha, n_iter):
        # 产生长度为（input_size + 1）的随机向量作为初始权重
        # 将bias视作最后一个权重
        # 随机值取在[0,1]区间上，减去0.5使随机值的期望变成0
        # 即初始权重是0附近的小随机数
        self.weight = numpy.random.rand(input_size + 1) - 0.5
        # 学习率
        self.alpha = alpha
        # 迭代次数
        self.n_iter = n_iter
```

下面，我们实现感知机的计算过程。值得注意的是，我们仿照 scikit-learn 将感知机用面向对象的编程方法实现为一个类，所以，所有函数都是缩进在类定义里面的，而不是独立的函数。另外，我们对偏置的处理通过一个小技巧进行了简化。在感知机的计算过程中，需要计算输入的加权和。

$$\sum_{i=1}^{N} w_i x_i + b = \sum_{i=1}^{N} w_i x_i + 1 \cdot w_{N+1}$$

我们不希望单独处理偏置 b，而是将它作为一个普通的权重。于是，我们增加一个权重 $w_{N+1} = b$，相应地，增加一个输入维度 $x_{N+1} = 1$，这个输入维度取值恒等于 1。这样，我们就简化了对偏置的处理，只需要处理权重的计算即可。

下面的predict函数可以批量处理多组输入样本，每个样本作为矩阵X的一行，因此，我们在矩阵右侧添加了一列常量 1。加权求和的过程可以视作矩阵 $\boldsymbol{X}$ 和权值向量（视作列向量）的矩阵乘法。这样，我们批量计算出了每个样本对应的加权和，然后通过激活函数得到每个样本对应的输出值。

```python
class Perceptron(object):
    …… # 此处省略前面列出的部分类定义
    # 感知机的计算过程
    def predict(self, X):
        # 在每一行数据之后增加一列常量1
        # 该常量与最后一个权重相乘作为bias
        # 这样我们不需要单独处理bias
        # 参数((0,0),(0,1))中,
        # 第1组(0,0)表示在第1维（行）前后不补齐数据
        # 第2组(0,1)表示在第2维（列）之前不补齐数据，在之后补齐1列
        # 补齐方式是'constant'即常量，常量值为1
        X = numpy.pad(X, ((0,0),(0,1)), 'constant', constant_values=1)
        # 然后将X和权重做矩阵乘法
        Y = numpy.matmul(X, self.weight)
        # 经过激活函数后输出结果
        return self.sigmoid(Y)

    def sigmoid(self, X):
        return 1 / (1 + numpy.exp(-X))
```

如同感知机的计算过程一样，感知机的训练过程也是批量进行的。在前面介绍的权值更新公式推导过程中，我们使用了单个样本误差的导数进行计算。实际上，使用所有样本总体误差的导数更为合理。每次只利用一个样本的误差信息确定权值修正的方向，就如同盲人摸象，有时触碰到鼻子，有时触碰到象腿，无法产生对全局的正确认识。只有样本总体误差的导数才能产生真实正确的权值更新方向。由于"加法和"的导数恰好等于导数的加法和，我们可以将每个样本的权值更新量求均值作为最后的权值更新量。

当我们不采用批量训练的策略，而是使用单个样本逐个训练感知机时，如果学习率设置得足够小，也能近似地等效于使用了样本总体误差。然而，这会使得训练的速度大打折扣。当我们面临比较大的数据集时，一次性计算样本总体误差常常需要消耗较长时间，这也会影响训练的速度。这时，我们可以将原数据集分割为大小适当的"批次"（batch），每次投入一个批次进行训练，这样既能够保证对数据有全局的认识，又避免了计算过程过于耗时。这就如同在大象身上不同部位多摸几次之后，就能够比只摸某个局部所取得的认识更加全面准确，相当于对大象身体的各个部位进行了采样。每个"批次"就是对样本总体的一组采样。这种策略对于很多模型，特别是神经网络模型，是非常必要而且非常有效的。

```python
class Perceptron(object):
    …… # 此处省略前面列出的部分类定义
    # 感知机的训练过程
    def fit(self, X, Y):
        # 仍然要处理输入，增加一列常量1
        X = numpy.pad(X, ((0,0),(0,1)), 'constant', constant_values=1)
        Y = numpy.array(Y)
        # 重复n_iter次训练过程
        # 每次叫作一个iteration或者一个epoch
        for i in range(self.n_iter):
            # 计算当前输出
            y = self.sigmoid(numpy.matmul(X, self.weight))
            # 计算权值更新
            # 将输出偏差整形为列向量，以便与输入对应行相乘
            delta_y = numpy.reshape(Y - y, (-1,1))
            # 这是激活函数的导数部分
            deriv_y = numpy.reshape(y*(1-y), (-1,1))
            # 注意下面是每行对应相乘，而不是矩阵乘法
            # 这样我们实际上对每一行数据都得到了对应的权值更新量
            delta_w = delta_y * deriv_y * X * self.alpha
            # 由于我们批量计算出了所有样本产生的权值更新量
```

```
# 因此，我们需要对权值更新量进行平均
# 对所有样本进行平均，因此取平均值的维度是第1维
delta_w = numpy.mean(delta_w, axis=0)
# 然后更新权值
self.weight = self.weight + delta_w
# 输出平均误差，帮助我们观察训练的过程
print('第{0}轮误差为: {1}'.format(
    i, numpy.mean(numpy.power(delta_y, 2))))
```

下面我们可以让感知机做一些简单的事情，比如，区分输入的两个数的大小。当输入的第 1 个数较小时，目标输出为 1；当输入的第 1 个数较大时，目标输出为 0。我们准备了 6 组数字，4 组作为训练样本，2 组用于测试。

```
perceptron = Perceptron(2, 0.5, 100)
perceptron.fit([[1,2],[2,3],[4,3],[3,2]],[1,1,0,0])
print(perceptron.predict([[3,4],[2,1]]))
# 输出样例: [0.72107778 0.24065793]
# 表明感知机区分出了两个输入数字的大小差别
print(perceptron.weight)
# 输出样例: [-1.53422978 1.15957956 0.84045471]
# 这说明感知机输出0.5的位置是直线: -1.53 x_1 + 1.16 x_2 + 0.84 = 0
```

在上述训练过程中，我们输出了每一次迭代时的平均误差。因此，我们可以观察到误差逐渐下降的过程，这个过程在训练的开始阶段下降较快，随着模型逐渐收敛，误差的下降速度减缓，如图 3.5 所示。对于感知机能够处理的数据，模型会收敛在一个较小的误差，否则，就会收敛在一个较大的误差，甚至产生波动而不收敛。

感知机能够处理什么样的问题呢？观察刚刚训练得到的感知机的权重，当加权和为 0 的时候，Sigmoid 的函数输出值为 0.5，这就是感知机能够分类的数据的边界。显然，这个边界是一条直线，如图 3.6 所示。对于上面这个简单的区分数字大小的问题，输入维度是 2，感知机的分类边界在 $x_1 w_1 + x_2 w_2 + b = 0$ 这条直线上。当问题的维度变高时，这个直线就变成了平面，或者高维空间中的超平面。但是，它们都具有同样的性质，

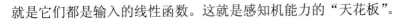

就是它们都是输入的线性函数。这就是感知机能力的"天花板"。

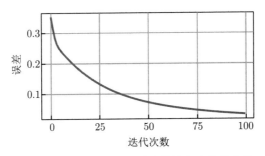

图 3.5 感知机的训练误差随着迭代次数的变化

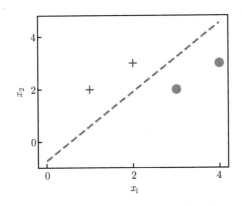

图 3.6 感知机的分类边界是一条直线

在后面的章节中，我们会更加深入地了解这个问题。我们会看到一些非线性问题的例子，然后通过把感知机组成神经元网络，突破这种线性的限制。

3.5.2 识别手写数字

如同决策树等模型一样，我们可以用 scikit-learn 软件包中提供的接口来实现感知机的训练。该软件包不仅提供了感知机模型的编程接口，还提供了一些常用数据集，可供读者进行一些实验和验证。

下面我们用感知机来完成一个视觉识别任务——识别手写数字。比较常用的手写数字数据集是美国国家标准与技术研究院的 MNIST 数据集 ⊖。而 scikit-learn 软件包中

⊖ MNIST 数据集主页：http://yann.lecun.com/exdb/mnist。

提供的是加州大学尔湾分校（UCI）的数据集 ⊖。

UCI 的手写数字数据集包含 1797 张 8×8 像素灰度图片，每个图片是一个手写的数字，如图 3.7 所示。为了使它能够作为感知机的输入，我们把每张图片展开成长度为 64 的向量。向量的值表示像素的灰度，通常我们会把数值归一化到 $[0,1]$ 这个区间，防止过大的值给感知机学习权重带来不必要的难度。较大的输入值通常意味着需要较大的权重。同时在训练感知机的过程中，权重的更新量也受到输入大小的影响，过大的输入可能会使得权值更新幅度过大，造成模型不稳定。

图 3.7　UCI 手写数字数据集中的一些样本

下面我们通过 scikit-learn 软件包加载手写数字数据集，并显示其中一些手写数字样本。我们使用 matplotlib ⊖ 软件包来显示数据集中的图片。

```python
import matplotlib.pyplot as plt
from sklearn.datasets import load_digits


# 加载UCI手写数字数据集
digits = load_digits()
for i in range(10):
    # 显示1行10列中的第i+1个图
    plt.subplot(1,10,i+1)
    plt.imshow(digits.images[i])
    # 隐藏坐标轴刻度
    plt.axis('off')
plt.show()
```

我们要把图像的每个像素点作为一个输入维度，因此，分类手写数字这个任务的输入维度比我们之前看到的各种分类任务都要高。这个问题看似稍有些难度。然而，由于

⊖　UCI 数据集主页:https://archive.ics.uci.edu/ml/datasets/Optical+Recognition+of+Handwritten+Digits。

⊖　软件包 matplotlib 的官方网站: https://matplotlib.org。

每两个数字之间在一些特定区域都有显著的不同之处，在所有像素点构成的高维空间里（对于 UCI 数据集来说是 64 维空间），这些数字其实分布在几乎线性可分的不同区域。所以，分类手写数字这个任务恰好落在感知机的能力范围之内。

单个感知机的输出通常可以用来区分两个类别：超过某阈值表明输入样本属于类别 A，低于该阈值则表明属于类别 B。通常，我们不会采用单一输出来区分更多类别，即使激活函数的输出值是连续的，也通常仅用来表示两种状态，因为输出值通常集中于 0 或者 1 附近，0 和 1 的中间部分不具有很好区分更多类别的解析度。而且，将类别嵌入连续值表示的区间上，隐含了类别之间的顺序关系，然而这种强加的顺序关系通常会给模型的训练徒增难度。

我们采用 10 个感知机分别识别 10 个不同的数字。每个感知机的输出用于区分是或者不是某个数字。如果输入图像包含某个数字 i，那么，我们希望第 i 个感知机的输出接近 1，而其他感知机的输出接近 0。当几个感知机对同一个输入都给出接近 1 的输出时，我们选取输出值最大的那个感知机所代表的数字。

读者可以尝试采用我们前面实现的感知机，为每个数字建立一个感知机进行训练。这里，我们介绍使用 scikit-learn 中的感知机模型，因为该模型能够简化我们的操作。在 scikit-learn 软件包中，感知机 Perceptron 的训练函数 fit 输入的目标值 y 并不是单个感知机输出的目标值，而是样本的类别。这个类别可以是数值，也可以是字符串标签。模型会根据输入 y 中不同值的数量，确定不同类别的个数，从而分别建立感知机。对于手写数字识别的实验，模型会建立 10 个感知机，用来构造和训练 10 组权值。

```python
from sklearn.linear_model import Perceptron
from sklearn.datasets import load_digits

# X是1797行、64列的矩阵
# 每一行是一个手写数字样本
# 图像中的像素被拉平展开为长度为64的行向量
# y是长度为1797的数组，包含样本对应的数字值
X, y = load_digits(return_X_y=True)
```

```
# 创建感知机模型
# max_iter是最大迭代次数
# tol参数可以控制当误差不再减小时提前结束训练
# 当本轮误差减去前一轮的差值大于tol时，结束训练
# eta0是学习率
perceptron = Perceptron(max_iter=1000,tol=0.001,eta0=1)

# 与我们实现的感知机模型的训练方法略有不同
# 这里y值表示样本的类别
# 根据y中不同值的数量（也就是类别数量）分别建立若干感知机
perceptron.fit(X,y)
```

当感知机训练完成后，我们把每个像素点对应的权值重新按照像素点位置排列起来，将权值大小转换为颜色（权值越小颜色越偏向红色，权值越大颜色越偏向蓝色，中间值为白色），就可以观察到感知机是如何工作的了。在 scikit-learn 软件包训练出的感知机中，coef_属性包含了感知机的权值向量。当分类数量为 2 时，只需要一个感知机，那么该属性包含一个向量。当分类数量大于 2 时，该属性为矩阵，矩阵的行数即类别的数量，每一行为该类别对应的感知机权值向量。我们用手写数字数据集训练出的模型的权值矩阵包含 10 行，这说明我们训练得到了 10 个感知机。将这些感知机的权值画成图像，可以明显地看到，权值的分布大体反映了数字笔画的平均走向，我们依稀可以从中看出数字的轮廓，如图 3.8 所示。

图 3.8　UCI 手写数字数据集训练出的感知机权重图（见彩插）

```
import numpy
import matplotlib.pyplot as plt

for i in range(10):
    # 显示1行10列中的第i+1个图
```

```
        plt.subplot(1,10,i+1)
        # 显示第i个类别对应的感知机权值
        # 将权值向量整形为矩阵和输入图像像素位置对应
        # 使用红蓝颜色表RdBu, 红色表示负值, 蓝色表示正值
        plt.imshow(numpy.reshape(perceptron.coef_[i,:], (8,8)),
            cmap=plt.cm.RdBu)
        # 隐藏坐标轴刻度
        plt.axis('off')
plt.show()
```

下面，我们取数据集的前 10 个样本，观察感知机对应的输出。我们通过coef_和 intercept_ 属性得到感知机的权值和偏置，用矩阵乘法批量计算出 10 个样本对应的感知机输出，每行表示一个感知机，每列表示一个样本。由于感知机的输出过于接近 0 或者 1，为了显示出它们接近 0 或者 1 的程度上的细微差别，我们对输出进行了缩放。我们采用 $\sigma(t) = (1 + e^{-t/1000})^{-1}$ 作为激活函数，这是一个横向拉伸了 1000 倍的 Sigmoid 函数，可以更明显地观察到输出值的差异。

```
import numpy

# 取数据集的前10个样本验证感知机的输出
# 感知机的权值, 每行表示一个感知机的权值
w = perceptron.coef_
# 感知机的偏置, 列向量, 每行表示一个感知机的偏置
b = perceptron.intercept_
# 对数据集的前10个样本, 计算每个感知机的输出
# 将数据转置, 每列表示一个样本
x = numpy.transpose(X[0:10,:])
out = numpy.matmul(w,x) + b
# 由于输出太接近0或者1, 我们进行了缩放, 以显示差异
out = 1 / (1 + numpy.exp(-out/1000))
for i in range(10):
```

```
print(list(map(lambda x: '{0:.2f}'.format(x), out[i,:])))
```

将手写数字图片输入感知机后得到的输出值如表 3.1 所示。输出值较大，说明对应的感知机识别出了图片中的数字。取 10 个感知机输出中最大的那个，也就是表中每一列的最大值，就可以用来对手写数字进行分类。从前 10 个样本的输出结果可以看到，大部分数字都能够根据感知机的输出进行正确分类，只有数字 5 被误认为数字 1。读者可以采用更多的样本进行试验，验证感知机输出结果的正确性。

表 3.1   10 个感知机对 UCI 手写数字数据样本的输出值

0	**0.98**	0.00	0.00	0.00	0.02	0.00	0.00	0.00	0.00	0.03
1	0.00	**1.00**	0.23	0.04	0.07	**0.71**	0.15	0.00	0.00	0.05
2	0.01	0.00	**0.96**	0.00	0.00	0.00	0.00	0.01	0.01	0.00
3	0.00	0.00	0.00	**1.00**	0.00	0.06	0.00	0.00	0.00	0.00
4	0.00	0.01	0.00	0.00	**0.99**	0.00	0.01	0.01	0.00	0.00
5	0.00	0.00	0.00	0.01	0.00	0.02	0.00	0.00	0.00	0.02
6	0.00	0.00	0.00	0.00	0.01	0.00	**0.76**	0.00	0.00	0.00
7	0.01	0.00	0.00	0.00	0.00	0.00	0.00	**0.99**	0.00	0.00
8	0.00	0.00	0.00	0.00	0.01	0.00	0.04	0.00	**0.97**	0.00
9	0.01	0.00	0.00	0.00	0.00	0.12	0.00	0.00	0.00	**0.80**

参考文献

[1]   ROSENBALTT F. The perceptron:a perciving and recognizing automation[R]. New York: Cornell Aeronautical Laboratory, 1957.

第 4 章

线 性 回 归

感知机等早期人工智能模型采取仿生学的方法模拟生物智能机制，人们在开展这些早期研究的时候，并没有从统计学角度去深究它们的数学本质。与此同时，甚至在更早时候，统计学家已经在使用一些函数拟合或者参数估计的方法，来描述观测数据的概率分布，或者定量描述不同观测量之间的函数关系。人们假设数据符合某种分布，或者数据之间存在某种定量函数关系，通过观察数据推测概率分布或者函数关系的参数。这些方法与人工智能中的很多方法有着密切的联系，它们背后的数学原理是一致的。其后发展起来的统计学习理论帮助我们更加系统地认识统计学方法在人工智能中的应用。下面我们从最基本的线性回归开始，看如何用统计学的方法解决问题。

4.1 线性回归概述

学者法兰西斯·高尔顿（Francis Galton）最早在 19 世纪提出了回归的概念，用来描述人群的遗传特征"回归"到平均值这一规律。现代统计学意义上的回归分析已经发展成为完全不同的概念。现代意义的回归分析是一种构建预测模型的方法，研究如何定量描述自变量和因变量之间的关系。我们可以将其理解为函数拟合。假设自变量和因变量之间存在某种函数关系，当我们用定量的数学形式去描述这种关系时，有一些参数是未知的。根据实际数据选取合适的参数，使得自变量和因变量之间的函数关系贴近真实观察值，这就是回归分析。当自变量和因变量之间的关系为线性函数时，这种回归分析称为线性回归。完成回归分析后，我们可以利用得到的定量函数关系，根据给定的自变量计算出对应的因变量。而对于没有观察过的自变量取值，回归分析可以预测因变量的值。

人工智能要解决的很多问题都可以看作回归问题：对于一定的输入（自变量），预测对应的输出（因变量）。输入可以是图像、音频序列、文本，输出则可以是图像中包含某种物体的概率、某种物体在图像中的位置、声音中包含某词汇的概率、声音表达的某种情绪的程度、文本中包含要搜索的目标信息的概率、文本是某种语言的概率等。

下面看一个预测餐厅套餐价格的问题。我们有一些餐厅的数据，分别是餐厅座位数量、当地食材采购价格、员工平均薪资和午饭套餐价格，如表 4.1 所示。我们希望建立一个模型，根据座位数量、食材价格和员工薪资估计合理的套餐价格。

表 4.1　餐厅套餐价格数据

座位数量	食材价格	员工薪资	套餐价格
100.0	7.2	3000.0	20.0
120.0	7.3	3500.0	21.0
500.0	7.2	3100.0	18.0
80.0	6.5	2900.0	17.0
80.0	7.9	4500.0	25.0
500.0	7.0	3000.0	16.0
250.0	7.2	3100.0	19.0
250.0	7.5	4000.0	22.0
150.0	7.8	5000.0	24.0
300.0	7.2	3500.0	20.0
400.0	7.1	3200.0	18.0
200.0	7.3	3600.0	21.0

从数据可以看出，随着餐厅规模（座位数量）的增长，单位成本也许有所下降，套餐价格有下降趋势；而食材价格和员工薪资都是餐厅的成本，它们与套餐价格呈正相关，如图 4.1 所示。如果单独用三者中的任何一项，都可以对套餐价格进行估计。估计的方

法是找到一条最符合数据点分布的直线，坐标横轴是自变量（如食材价格），纵轴是因变量（如套餐价格），对于给定的自变量，直线上对应的点可以告诉我们因变量的估计值。然而，通过单一的变量进行的估计是非常不准确的，我们希望能够利用多个维度的自变量来进行估计。这时，这些自变量和因变量构成了一个多维空间，我们要找到一个最符合数据点分布的多维平面（超平面），利用这个平面对因变量的取值进行预测。

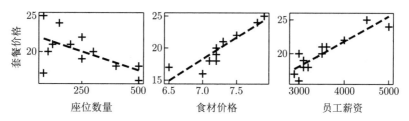

图 4.1　餐厅座位数量、食材采购价格、员工薪资水平与套餐价格的关系

4.2　最小二乘法

解决线性回归问题的方法叫作最小二乘（least square）法。这个方法的名称说明了它的目标，也就是最小化误差的平方和。

首先来看只有一个自变量（或者说自变量只有一维）的简单情况。设自变量为 x，因变量为 y，数据是若干对 $(x_{(i)}, y_{(i)})$（我们用带括号的下标表示样本或者数据条目的编号，把普通下标留到后面处理多特征样本或者多维度数据时，作为特征或者维度的编号）。我们希望得出线性关系 $y = wx + b$。显然，无法使得每一个样本都精确满足 $y_{(i)} = wx_{(i)} + b$，只能使误差尽量小。假设有 N 个样本，那么总的误差 E 表示如下（1/2 是为了方便求导数）。

$$E = \frac{1}{2}\sum_{i=1}^{N}(wx_{(i)} + b - y_{(i)})^2$$

我们发现误差是 w 和 b 的二次函数，而二次函数的极值点是导数为 0 的位置。因此，可以设导数为 0，然后求解方程。

$$\frac{\partial E}{\partial w} = \sum_{i=1}^{N}x_{(i)}(wx_{(i)} + b - y_{(i)}) = 0$$

$$\frac{\partial E}{\partial b} = \sum_{i=1}^{N}(wx_{(i)} + b - y_{(i)}) = 0$$

这是一个二元一次方程组，其中只有 w 和 b 两个变量，可以得到下面的解。

$$w = \frac{\sum_i x_{(i)} \sum_i y_{(i)} - N\sum_i x_{(i)}y_{(i)}}{\sum_i x_{(i)} \sum_i x_{(i)} - N\sum_i x_{(i)}^2}$$

$$b = \frac{1}{N}\sum_{i=1}^{N}(y_{(i)} - wx_{(i)})$$

现在我们可以根据不同因素对套餐价格分别做出估计。

- 套餐估计价格 $\simeq$ 座位数量 $\times -0.01 + 22.6$
- 套餐估计价格 $\simeq$ 食材价格 $\times 6.73 - 28.8$
- 套餐估计价格 $\simeq$ 员工薪资 $\times 0.00371 + 6.99$

4.3　矩阵形式

为了更加准确地估计套餐价格，我们需要综合考虑各个因素，即自变量的不同维度，或者说样本的不同特征。为了将自变量维度和数据编号加以区分，我们用普通下标表示数据维度，带括号的下标表示数据编号。对于第 i 条数据的自变量 $\boldsymbol{x}_{(i)}$，它的第 j 维（或者说第 j 个特征）表示为 $x_{(i)j}$，该维度对应的权重为 w_j。比如，第 1 维表示座位数量 $x_{(i)1}$，权重为 w_1，以此类推。设维度数量为 d，对于套餐定价问题 $d=3$。套餐的价格模型定义如下：

$$y_{(i)} = \sum_{j=1}^{d} w_j x_{(i)j} + b$$

为了表示方便，我们可以增加一个维度，自变量在该维度总是等于 1，于是这个维度的权重就是 $w_{d+1}=b$。这样，我们可以把所有的权重写成一个向量 $\boldsymbol{w}=(w_1, w_2, \cdots, w_{d+1})^{\mathrm{T}}$（为了方便，我们把它们转置为列向量）。单个自变量也可以写成向量 $\boldsymbol{x}_{(i)}=(x_{(i)1}, x_{(i)2}, \cdots, x_{(i)d}, 1)$，于是，套餐价格的线性预测模型可以用向量内积表示 $f(\boldsymbol{x}) = \boldsymbol{x} \cdot \boldsymbol{w}$。

因变量在数据中的取值也可以写成向量 $\boldsymbol{y} = (y_{(1)}, y_{(2)}, \cdots, y_{(N)})^{\mathrm{T}}$。所有数据中的自变量可以组成一个矩阵 $\boldsymbol{X}$。

$$\boldsymbol{X} = \begin{pmatrix} x_{(1)1} & x_{(1)2} & \cdots & x_{(1)d} & 1 \\ x_{(2)1} & x_{(2)2} & \cdots & x_{(2)d} & 1 \\ \vdots & \vdots & \ddots & \vdots & \vdots \\ x_{(N)1} & x_{(N)2} & \cdots & x_{(N)d} & 1 \end{pmatrix}$$

于是，预测误差的总和 E 可以表示为矩阵运算 $E = (\boldsymbol{y} - \boldsymbol{Xw})^{\mathrm{T}}(\boldsymbol{y} - \boldsymbol{Xw})$。我们还是采用求导数的方法取 E 的极值，令导数等于 0，求解得到 $\boldsymbol{w}$。

$$\frac{\partial E}{\partial \boldsymbol{w}} = 2\boldsymbol{X}^{\mathrm{T}}(\boldsymbol{Xw} - \boldsymbol{y}) = 0$$

$$\boldsymbol{w} = (\boldsymbol{X}^{\mathrm{T}}\boldsymbol{X})^{-1}\boldsymbol{X}^{\mathrm{T}}\boldsymbol{y}$$

对于前面的套餐定价问题，可以求解得到：

套餐估计价格 $\simeq -0.00655 \times$ 座位数量 $+ 4.73 \times$ 食材价格 $+ 0.000870 \times$ 员工薪资 $- 15.8$

拉格朗日和高斯分别在 1805 年和 1809 年发表了最小二乘法的计算方法，分别用来估计地球的形状和星体的运行轨迹，如图 4.2 所示。这些问题本身并不是线性的，比如星体运行的轨迹一般是围绕中心星体的椭圆形，是典型的二次曲线。数据虽然并非线性关系，但是通过一定的变换可以让数据形成线性关系，从而利用线性回归来估计数据之间的定量关系模型。

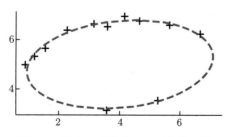

图 4.2 最小二乘法估计椭圆曲线参数

以二维平面坐标下的椭圆曲线为例，假设通过观测得到了曲线上的若干个点 (x, y)，显然，x 和 y 本身不具备线性关系。然而，椭圆曲线的一般公式中包含着线性关系。

$$w_1 x^2 + w_2 xy + w_3 y^2 + w_4 x + w_5 = y$$

椭圆的每个采样点可以产生一行数据，自变量为 $(x^2, xy, y^2, x, 1)$，因变量为 y。这样就可以把因变量看作自变量的线性和，然后用最小二乘法对权重进行估计。估计的结果就是椭圆曲线的参数。虽然我们并不需要从自变量 $(x^2, xy, y^2, x, 1)$ 估计因变量 y，但是利用最小二乘法最终得到了椭圆曲线。

4.4   一般性的回归问题

在很多情况下，自变量 x 和因变量 y 之间的关系并不能用线性关系描述，我们把这种关系抽象为函数 f。对于 $y = f(x)$ 这样的回归分析问题，可以看作寻找一个函数 f，使得对于任意自变量 x，可以用 $f(x)$ 对 y 做出估计。

我们通常把可选的 f 的范围限定为某一族函数（可以是椭圆曲线这样有解析表达式的函数，也可以是难以描述为解析表达式的函数，比如决策树；函数是从输入到输出的映射，形式是多种多样的）。具体函数实例 $f(x; \Theta)$ 取决于参数 Θ 的取值。这族函数叫作模型，比如，椭圆曲线模型、决策树模型、感知机模型等。决定具体函数实例的 Θ 叫作模型的参数。那么，回归问题也可以看作寻找模型的参数 Θ。

4.5   动手实践

4.5.1   实现一维线性回归

我们使用前面所述的餐厅套餐价格作为例子，来实现线性回归。首先，将数据存储到一个矩阵里。

```
import numpy

# 准备餐厅套餐价格数据
# 每行为一条数据
# 各列分别是座位数量、食材价格、员工薪资和套餐价格
food_price_data = numpy.array([
    [100, 7.2, 3000, 20],
    [120, 7.3, 3500, 21],
    [500, 7.2, 3100, 18],
    [80, 6.5, 2900, 17],
    [80, 7.9, 4500, 25],
    [500, 7.0, 3000, 16],
    [250, 7.2, 3100, 19],
    [250, 7.5, 4000, 22],
    [150, 7.8, 5000, 24],
    [300, 7.2, 3500, 20],
    [400, 7.1, 3200, 18],
    [200, 7.3, 3600, 21]
], dtype=numpy.float)
```

我们先来实现自变量为一维数据的情况。在参数求值公式中，反复用到了样本自变量 $x_{(i)}$ 的和，因变量 $y_{(i)}$ 的和，以及自变量平方 $x_{(i)}^2$ 的和，自变量与因变量乘积 $x_{(i)}y_{(i)}$ 的和。我们首先计算好这些和，避免重复计算，然后就可以直接利用这些和计算参数 w 和 b。求和可以采用 numpy 软件包提供的数值计算方法，该方法简洁而且性能较好。Python 是一种简单友好的语言，它是解释执行的，而不是直接编译成 CPU 能读懂的机器码，所以虽然 Python 很灵活，但是执行速度不佳。因此，numpy 等软件包将一些常用的矩阵和向量运算用更优化的方式实现了，这些软件包是采用编译型的语言实现的，省去了解释器解释代码的过程，能够充分利用计算机的计算能力。我们只需要通过 Python 调用这些软件包，就可以实现高性能的计算。

```
# 自变量维度为1的线性回归
# 输入自变量x, 因变量y
def linear_regression_single_dimension(x, y):
    # 计算样本数量
    n = len(x)
    # 计算x的和
    sum_x = numpy.sum(x)
    # 计算y的和
    sum_y = numpy.sum(y)
    # 计算x方平的和
    sum_xx = numpy.sum(x * x)
    # 计算xy乘积的和
    sum_xy = numpy.sum(x * y)
    # 计算参数
    w = (sum_x*sum_y - n*sum_xy)/(sum_x*sum_x - n*sum_xx)
    b = (sum_y - w*sum_x)/n
    return w, b
```

这时，我们可以估计数据中自变量的某一维度和因变量的关系。比如，通过座位数量来估计套餐价格。

```
print(linear_regression_single_dimension(
    food_price_data[:,0],
    food_price_data[:,3]))
# 输出: (-0.0104676201, 22.6391772457)
# 表示 预测套餐价格 约等于 -0.01 × 座位数量 + 22.64
```

4.5.2　实现最小二乘法

下面，我们实现最小二乘法，来处理多维自变量的线性回归。最小二乘法的公式中用到了矩阵转置、矩阵乘法和逆矩阵。其中，矩阵转置可以采用 numpy 软件包中的

transpose方法实现，矩阵乘法可以采用matmul方法实现，而求逆矩阵可以采用软件包中的线性代数算法库linalg（linear algorithm）中的inv方法实现。

```
# 最小二乘法
# 计算 w = (X^T X)^-1 X^T y
# X^T 表示X的转置
# ()^-1 表示求逆矩阵
def least_square(X, y):
    # 确保y是列向量
    y = numpy.array(y).reshape([-1,1])
    # 计算X的转置
    XT = numpy.transpose(X)
    # 计算逆矩阵
    XTX_inv = numpy.linalg.inv(numpy.matmul(XT, X))
    w = numpy.matmul(XTX_inv, numpy.matmul(XT, y))
    return w
```

最小二乘法的矩阵形式计算了权值向量 w，但是并没有计算偏置 b。因此，采用矩阵形式计算线性回归参数时，需要将偏置参数处理为权值。这可以通过在自变量中增加一个维度实现，这一维取常量 1，对应的权重就是偏置。这是常用的技巧，在感知机中，我们也采用过这种方式处理偏置参数。

```
# 多维线性回归
def linear_regression(X, y):
    # 在矩阵X的右侧添加一列1
    ones = numpy.ones((X.shape[0],1), dtype=y.dtype)
    X = numpy.concatenate((X, ones), axis=1)
    return least_square(X, y)
```

我们可以验证一下，对于自变量是一维的情况，矩阵形式的最小二乘法和我们前面实现的针对一维数据的方法可以取得完全一致的结果。

```
print(linear_regression(
    food_price_data[:,0:1],
    food_price_data[:,3]))
# 输出:
# [[-1.04676201e-02]
#  [ 2.26391772e+01]]
```

现在，我们可以将自变量的全部 3 个维度纳入线性回归的计算，用座位数量、食材价格、员工薪资来估计套餐价格。读者可以将输出与前文描述的结果进行对照。

```
print(linear_regression(
    food_price_data[:,0:3],
    food_price_data[:,3]))
# 输出:
# [[-6.55022066e-03]
#  [ 4.72864843e+00]
#  [ 8.69974343e-04]
#  [-1.57527424e+01]]
```

使用 scikit-learn 软件包中的线性回归模型，可以得到完全一致的结果。

```
from sklearn.linear_model import LinearRegression
lr_model = LinearRegression()
lr_model.fit(
    food_price_data[:,0:3],
    food_price_data[:,3])
print('自变量各维度对应的权重: {}'.format(lr_model.coef_))
print('偏置: {}'.format(lr_model.intercept_))
# 输出:
# 自变量各维度对应的权重: [-6.55022066e-03 4.72864843e+00 8.69974343e-04]
# 偏置: -15.752742372192568
```

4.5.3　使用 numpy 软件包

到此为止，我们已经用 numpy 软件包进行了很多数据表示和计算。这里做一个简要的介绍，以方便读者阅读和理解代码片段。

numpy 软件包是使用 Python 进行科学计算的基础软件包，很多软件包如 scikit-learn，以及后面我们会介绍到的用于神经网络模型的机器学习软件包，都使用了 numpy 进行数据表示和计算。该软件包提供了强大的多维数组对象，它的数组操作和计算功能成为了事实标准，很多机器学习软件包都把 numpy 作为数组操作范式。它的核心是用 C 语言进行优化的，用户通过它既可以享受到 Python 语言的灵活性，又能够受益于 C 这样的编译语言的速度和性能。

多维数组是 numpy 软件包的核心，所有表示和计算都是围绕它展开的。向量和矩阵都是多维数组，向量是一维数组，矩阵是二维数组。数组的维度还可以更高，比如，彩色图像是三维数组，它不仅有长和宽两个维度，还有一个维度用来表示颜色通道，我们可以把它理解为 3 个矩阵堆叠在一起。再如，一个数据集包含了若干幅同样尺寸的彩色图像，那么，它可以表示为一个四维数组，其中一个维度的索引表示图像的编号。每个多维数组都有两个重要的属性，一个是形状shape，表示各个维度上索引的数量，另一个是数据类型dtype，表示元素的类型。

```
import numpy

a = numpy.array([1,2,3,4])
b = numpy.array([[1.0,2.0,3.0],[4.0,5.0,6.0]])
print('a的形状: {}, 类型: {}'.format(a.shape, a.dtype))
print('b的形状: {}, 类型: {}'.format(b.shape, b.dtype))
# 输出:
# a的形状为(4,)类型为int32
# b的形状为(2, 3)类型为float64
```

切片索引是一个很方便的功能，可以提取多维数组中的一部分元素，形成一个新的多维数组。我们在前面提取样本数据的某一列，或者某几列，就利用了切片的功能。每个维度都如同 Python 数组一样可以通过冒号（：）进行索引，单个冒号表示取该维度上的所有索引，而i:j表示取大于等于i，同时小于j的索引。索引区间是左闭右开的，包含左端的i，不包含右端的j。

```python
a = numpy.array([
    [1,2,3,4],
    [5,6,7,8],
    [9,10,11,12]])

# 取第2行（索引是1），所有列
# 输出：[5 6 7 8]
print(a[1,:])

# 取第3列（索引是2），所有行
# 输出：[3 7 11]
print(a[:,2])

# 取第1到3列（索引大于等于0，小于3），所有行
# 输出：
# [[1 2 3]
#  [5 6 7]
#  [9 10 11]]
print(a[:,0:3])
```

这里有一个微妙的差异值得注意。在某个维度上取一个单独的索引值i，那么，产生的结果中就不再有这个维度。相反，如果取一段长度为 1 的索引区间i:i+1，那么，产生的结果中这个维度会被保留，但是维度的长度是 1。我们之前利用了这个微妙差异，对于需要输入一个矩阵，但是矩阵的列数量为 1 的情况，采用长度为 1 的索引区间，可以得到这样一个矩阵。我们基于矩阵的线性回归方法就需要这样的输入。scikit-learn 中模型的输入也要求是一个矩阵，即使样本只有一个属性，也必须将每个样本作为一行，该属性作为单独一列。将所有样本放在同一行会被认为是一个样本的不同属性。

```
a = numpy.array([[1,2,3,4],[5,6,7,8],[9,10,11,12]])

# 取第2列（索引是1），所有行，返回一维向量
# 输出：[2 6 10] 形状为(3,)
print(a[:,1])
print('形状为{}'.format(a[:,1].shape))

# 取第2列（索引是1），所有行，返回矩阵
# 输出：
# [[2]
#  [6]
#  [10]]
# 形状为(3,1)
print(a[:,1:2])
print('形状为{}'.format(a[:,1:2].shape))
```

当多维数组进行四则运算时，采取**广播机制**。可以分为 3 种情况。

1）当数组和标量进行运算时，数组的元素和标量分别进行运算，结果与数组的形状相同。

2）当形状相同的数组之间进行运算时，数组对应位置的元素分别进行运算，结果与原数组的形状形同。

3）当形状不同的数组之间进行运算时，以形状较长的数组为基准，另一个数组向它对齐。如果维度数量不够，就在前面添加若干长度为 1 的维度（广播）。比如，形状为 (3,2) 的数组可以和形状为 (2) 的对齐，将形状为 (2) 的数组视为形状 (1,2)。维度对齐后，如果对应维度的长度相等，或者长度不等但是其中有一个长度为 1，那么，就可以进行计算，否则，不能计算。对于长度为 1 的维度，采用"广播"的方式将其复制到需要的数量。比如，形状为 (3,2,2) 的数组和形状为 (3,1,2) 的数组可以计算，但是形状为 (3,2,2) 的数组和形状为 (3,3,2) 的数组不能计算。

```
a = numpy.array([[1,2,3],[4,5,6]])

# 数组元素和标量分别运算
# 输出：
# [[3 4 5][6 7 8]]
# [[2 4 6][8 10 12]]
print(a + 2)
print(a * 2)


# 相同形状的数组间运算
# 数组元素按照对应位置分别运算
# 输出：
# [[2 4 6][8 10 12]]
# [[1 4 9][16 25 36]]
print(a + a)
print(a * a)


# 不同形状的数组间运算
# a的形状为(2,3)，b的形状为(2,1)
# b的值被"广播"复制成3列后与a进行运算
# 相当于b=[[1,1,1],[2,2,2]]
b = numpy.array([[1],[2]])
# 输出：
# [[1 2 3][8 10 12]]
# [[2 3 4][6 7 8]]
print(a * b)
print(a + b)
```

如图 4.3 所示是一个广播机制的例子。当形状为 (2,3) 的数组和形状为 (2,1) 的数组进行运算时，由于在列维度上第 2 个数组的长度不够，于是，数组在这个维度上进行"广播"，将数值复制到所有列，以便和长度较长的数组进行对应位置元素的运算。运算结果的形状和较长的数组一致。

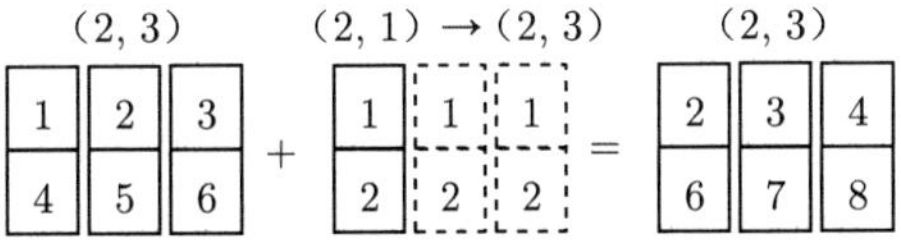

$$
\begin{array}{ccc}
(2,3) & (2,1) \to (2,3) & (2,3) \\
\begin{array}{|c|c|c|} \hline 1 & 2 & 3 \\ \hline 4 & 5 & 6 \\ \hline \end{array}
& + \;
\begin{array}{|c|c|c|} \hline 1 & 1 & 1 \\ \hline 2 & 2 & 2 \\ \hline \end{array}
\; = \;
\begin{array}{|c|c|c|} \hline 2 & 3 & 4 \\ \hline 6 & 7 & 8 \\ \hline \end{array}
\end{array}
$$

图 4.3 长度为 1 的维度通过"广播"复制到需要的长度

多维数组、切片索引和广播机制是 numpy 软件包的重要功能。在这些功能的辅助下，批量操作数据进行运算变得非常方便和高效。借助这些功能，我们可以快速地实现很多机器学习的算法和模型。

第 **5** 章

逻辑斯蒂回归和分类器

回归和分类是机器学习的核心问题，它们都可以描述自变量与因变量的关系，并通过自变量的观测值去预测或估计对应的因变量。当因变量连续取值时，模型解决的是回归问题；当因变量取若干离散值时，模型解决的就是分类问题，这些离散值就代表了不同的类别。因此，分类问题也可以看作回归问题的一个特殊情况。

逻辑斯蒂回归（Logistic Regression）就是一种特殊的线性回归模型，用于解决分类问题。它与感知机模型有密切的联系。在求解逻辑斯蒂回归时，我们会看到概率方法在分类问题中的应用。逻辑斯蒂回归具有线性的决策边界，如何找到最优化的分类边界，并且解决非线性分类问题呢？我们将从支持向量机模型中找寻答案。

5.1 分类问题

我们来看一个简单的分类问题——根据鸢尾花的花萼形状对花进行分类。这个问题来自著名的鸢尾花数据集（Iris Dataset）[⊖]，数据集中包含 3 种鸢尾花的花萼和花瓣的长宽数据，非常适合验证一些分类模型。

我们希望用回归模型解决这个分类问题，从自变量的值（花萼长度和宽度）估计因

⊖ 鸢尾花数据集主页：https://archive.ics.uci.edu/ml/datasets/Iris。

变量的值（花的种类）。通常的回归问题中，因变量的值是连续变化的。然而对于分类问题，类别标签并不是连续变化的值。比如，这里我们用 −1 表示山鸢尾，1 表示杂色鸢尾，如图 5.1 所示。类标签为 1 的称作"正"样本，类标签为 −1 的称作"负"样本，这样就区分了两个类标签，杂色鸢尾就是"正"样本，山鸢尾就是"负"样本。如果把类标签作为因变量，我们会发现因变量不再连续，变成了离散值。当回归模型给出的预测值不是 1 或者 −1 的时候，如何解释这些值呢？

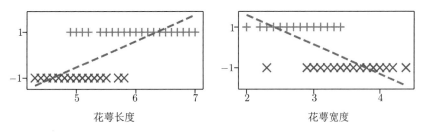

图 5.1　鸢尾花的花萼长度、花萼宽度和鸢尾花种类的关系

比较符合直觉的解释是，当预测值接近 1 的时候，属于正样本的概率较大；反之，当预测值接近 −1 的时候，属于负样本的概率较大。那么，如何处理大于 1 和小于 −1 的部分呢？另一种更加完善的解释是，越大的正值表示属于正样本的可能性越大，越小的负值表示属于负样本的可能性越大，0 则表示几乎无法区分是哪一种类别。由此可见，我们需要把从负无穷到正无穷的实数值映射到属于某一类别的概率，这样，就可以利用回归模型的预测值来判定样本属于某一类别的可能性。逻辑斯蒂回归模型就可以帮我们量化描述这种映射关系。

在逻辑斯蒂回归模型中，假设样本属于类别 1 的概率为 p，则属于类别 −1 的概率为 $1-p$。我们把回归模型的预测值记作 ℓ，当 p 趋近于 1 的时候，ℓ 趋向于正无穷；当 p 趋近于 0 的时候，ℓ 趋向于负无穷；当 p 等于 0.5 的时候，ℓ 则是 0。为了实现这样的映射关系，我们定义 ℓ 与 p 的关系如下。这个关系将 $[0,1]$ 区间上的概率值和整个实数轴建立了对应关系。由于使用了对数函数，ℓ 也称作**对数几率**（log-odds）。

$$\ell = \ln \frac{p}{1-p}$$

同时，由于逻辑斯蒂回归是线性模型，它假设对数几率 ℓ 和因变量 $(x_1, x_2, \cdots)$ 呈线性关系。

$$\ell = \ln \frac{p}{1-p} = b + w_1 x_1 + w_2 x_2 + \cdots$$

这看起来与线性回归很相似，但是无法利用线性回归的最小二乘法来解决，因为每个数据对应的概率值 p 是未知的。如果简单地将 p 根据类别标签设置为 1 或者 0，那么它们对应的对数几率 ℓ 会成为正无穷或者负无穷，而无法作为回归的目标值进行有效的计算。

稍加变换，我们会发现概率 p 与输入的线性和（即对数几率 ℓ）是 Sigmoid 函数（用 σ 表示）的关系。这就是感知机（人工神经元）的数学模型。

$$p = \frac{1}{1 + \mathrm{e}^{-\ell}} = \sigma(b + w_1 x_1 + w_2 x_2 + \cdots)$$

那么，我们能不能用求解感知机（或者神经网络）的梯度下降法来解决这个问题呢？与最小二乘法相似，我们仍然要设置训练样本的概率值 p 作为感知机模型的学习目标。如果简单地把训练样本按照类别设置为 $p = 0$ 或者 $p = 1$，确实可以训练出能够进行分类的感知机模型，然而，模型输出却无法理解为样本属于某一类别的对数几率。后面会看到，这是因为我们使用了错误的方式度量感知机输出的误差，通过改变感知机的误差度量函数，可以使用感知机的梯度下降法来求解逻辑斯蒂回归问题。

5.2 最大似然估计

对于概率问题，应该用概率的方法来解决。这里用到了最大似然估计，即调整模型的参数，使得样本出现的概率最大。

我们把样本特征的加权线性和记作向量内积 $\boldsymbol{w}^{\mathrm{T}}\boldsymbol{x}$。为了简化数学表示，仍然使用技巧将偏置作为权值处理。其中 $\boldsymbol{x}$ 包含所有特征维度和一个常数 1，常数 1 对应的权重就是偏置 b。所以，$b + w_1 x_1 + w_2 x_2$ 可以表示为列向量 $\boldsymbol{w} = (w_1, w_2, b)^{\mathrm{T}}$ 和 $\boldsymbol{x} = (x_1, x_2, 1)^{\mathrm{T}}$ 的内积 $\boldsymbol{w}^{\mathrm{T}}\boldsymbol{x}$。在鸢尾花数据集中，$x_1, x_2$ 可以分别表示花萼的长度和宽度。我们用普

通下标表示样本的维度（如花萼宽度、长度等），用带括号的下标表示样本的编号。第 i 个样本 $\boldsymbol{x}_{(i)}$ 所属的类别记为 $y_{(i)}$，这里只有两种类别：山鸢尾记为 0 和杂色鸢尾记为 1。

某个样本 i 属于杂色鸢尾的概率为 $p_{(i)} = \sigma(\boldsymbol{w}^{\mathrm{T}}\boldsymbol{x}_{(i)})$，属于山鸢尾的概率为 $1 - p_{(i)}$。利用类别标记 $y_{(i)}$，我们可以更一般化地把一个样本出现的概率表示为 $y_{(i)}p_{(i)} + (1 - y_{(i)})(1 - p_{(i)})$。对于正样本 $y_{(i)} = 1$，加号右侧为 0，只保留了左侧部分 $y_{(i)}p_{(i)}$；对于负样本 $y_{(i)} = 0$，加号左侧为 0，只保留了右侧部分 $(1 - y_{(i)})(1 - p_{(i)})$。这是利用标记变量的常见技巧，只是为了数学表述上的便利。我们假设样本之间是相互独立的，它们的总概率就是所有样本概率的乘积。

$$\prod_i \left(y_{(i)}p_{(i)} + (1 - y_{(i)})(1 - p_{(i)}) \right)$$

由于概率都是 $[0,1]$ 之间的值，大量概率的连乘积通常会变得很小，不利于进行数值计算，而且求解优化问题时常常要进行求导数运算，乘积会使求导数变得很复杂。因此，我们取上面概率的对数，这个对数值 L（log likelihood）就是最大似然估计的优化目标，我们称之为似然函数。因为 $p_{(i)} = \sigma(\boldsymbol{w}^{\mathrm{T}}\boldsymbol{x}_{(i)})$ 是 $\boldsymbol{w}$ 的函数，所以，L 也是模型参数 $\boldsymbol{w}$ 的函数。我们要调整 $\boldsymbol{w}$ 使得 L 能够取得极大值。

$$L(\boldsymbol{w}) = \sum_i y_{(i)} \ln p_{(i)} + (1 - y_{(i)}) \ln(1 - p_{(i)})$$

求解 $\boldsymbol{w}$ 的过程很难用求导的方式直接取得 L 的极值点。可以看到，导数的表达式不难得到，但是导数等于 0 的方程不容易表示为解析式。通常，求解的过程是用数值优化的方法进行的，神经元感知机模型（或者神经网络）的梯度下降法就是优化方法之一，可以用在这里。

5.3 交叉熵损失函数

对于感知机或者神经网络模型来说，最小化样本误差的平方和只是众多训练目标中的一种。我们可以改变误差的度量方式，从而改变训练的目标。由于模型误差的度量值是模型参数的函数，所以也把误差的度量函数叫作损失函数。

样本误差的平方和（或者平方的平均数，只相差一个常量系数，并不影响最终结果）叫作均方误差（Mean Squared Error, MSE）损失函数。上面最大似然估计的目标似然函数的相反数就是另外一种损失函数，叫作交叉熵损失函数（Cross Entropy Loss，CEL）。当感知机模型采用交叉熵损失函数的时候，它和逻辑斯蒂回归是等价的。当使用感知机模型求解分类问题（而不是单纯的回归问题）时，应该使用交叉熵损失函数。

交叉熵 $H(q, p)$ 可以用来描述两个概率分布 q 和 p 之间的差异。

$$H(q, p) = -\sum_t q(t) \ln p(t)$$

作为分类问题的损失函数，可以这样理解上述公式。其中，t 是样本的类别，对于二分类，$t \in \{0, 1\}$。概率 q 描述样本的真实分布，$q(t)$ 就是样本属于类别 t 的概率，即训练样本的真实类别标签。概率 p 描述模型预测出的分布，$p(t)$ 表示模型认为样本属于类别 t 的概率。由此可见，交叉熵函数就是逻辑斯蒂模型的最大似然概率的相反数，对于单个样本，$H(q, p) = -L(\boldsymbol{w})$。

这帮助我们更好地理解了感知机模型进行分类的原理，而且为多类别分类提供了一些基础。下面我们会看到如何用交叉熵损失函数进行多类别分类，以及为什么均方误差不适用于分类问题。

5.4 多类别分类

在实际分类问题中，通常包含多个类别。比如，鸢尾花数据集就包含了 3 种不同的鸢尾花，如图 5.2 所示。0 表示山鸢尾，1 表示杂色鸢尾，2 表示弗吉尼亚鸢尾。在前面我们使用两个类别介绍了逻辑斯蒂回归模型，现在将模型推广到更多类别。

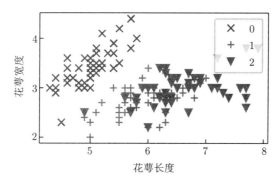

图 5.2　鸢尾花数据集中的 3 种鸢尾花

5.4.1　多类别逻辑斯蒂回归

在两个类别的逻辑斯蒂回归中，对数几率与样本特征呈线性关系。对数几率就是样本属于不同类别的概率比例的对数值。这个思路可以延续到多类别分类中。在继续讨论前，先引入一些变量辅助表达，其中，K 表示类别数量，$k \in \{0, 1, \cdots, K-1\}$ 表示各个类别的编号；i 仍然表示样本编号，$y_{(i)} \in \{0, 1, \cdots, K-1\}$ 表示训练样本的真实类标签，$\widehat{y}_{(i)}$ 表示模型预测出样本 i 的类别，$\Pr(\widehat{y}_{(i)} = k)$ 表示模型预测出样本 i 属于类别 k 的概率。

先回顾一下两个类别的情况，用这些新符号重写对数几率，然后将它推广到更多类别。当只有两个类别时，$k \in \{0, 1\}$，我们假设下面的对数几率和样本特征 $\boldsymbol{x}_{(i)}$ 呈线性关系，线性关系的权值为向量 $\boldsymbol{w}$，对数几率可以表示为样本特征向量和权值向量的内积。

$$\ln \frac{\Pr(\widehat{y}_{(i)} = 1)}{\Pr(\widehat{y}_{(i)} = 0)} = \boldsymbol{w}^{\mathrm{T}} \boldsymbol{x}_{(i)}$$

当有 K 个类别的时候，我们可以想象需要解 $K-1$ 个独立的逻辑斯蒂回归，选取类别 0 作为计算其他类别对数几率的基准（这里假设各个类别是独立的，所以基准类别可以任意选取而不失一般性）。

$$\ln \frac{\Pr(\widehat{y}_{(i)} = k)}{\Pr(\widehat{y}_{(i)} = 0)} = \boldsymbol{w}_k^{\mathrm{T}} \boldsymbol{x}_{(i)}$$

其中，$k = 1, \cdots, K-1$，$\Pr(\widehat{y}_{(i)} = k)$ 表示模型预测出样本 i 属于类别 k 的概率。根据对数几率的定义，样本属于类别 k 的概率与样本属于类别 0 的概率之比的对数值与样本特征呈线性关系，这个线性关系的权值是向量 $\boldsymbol{w}_k$，也就是第 k 个逻辑斯蒂回归的权值参数。这样，我们就构造了 $K-1$ 个逻辑斯蒂回归模型。

这些模型建立了样本属于类别 k 的概率与属于类别 0 的概率之间的关系，于是，样本属于某个类别 k 的概率可以用它属于类别 0 的概率表示出来。

$$\Pr(\widehat{y}_{(i)} = k) = \Pr(\widehat{y}_{(i)} = 0)\mathrm{e}^{\boldsymbol{w}_k^{\mathrm{T}}\boldsymbol{x}_{(i)}}$$

因为一个样本属于各个不同类别的概率之和应该为 1，所以我们有如下等式：

$$\begin{aligned}
1 &= \sum_{k=0}^{K-1} \Pr(\widehat{y}_{(i)} = k) \\
&= \Pr(\widehat{y}_{(i)} = 0) + \sum_{k=1}^{K-1} \Pr(\widehat{y}_{(i)} = k) \\
&= \Pr(\widehat{y}_{(i)} = 0) + \sum_{k=1}^{K-1} \Pr(\widehat{y}_{(i)} = 0)\mathrm{e}^{\boldsymbol{w}_k^{\mathrm{T}}\boldsymbol{x}_{(i)}} \\
&= \Pr(\widehat{y}_{(i)} = 0) \left(1 + \sum_{k=1}^{K-1} \mathrm{e}^{\boldsymbol{w}_k^{\mathrm{T}}\boldsymbol{x}_{(i)}} \right)
\end{aligned}$$

这样，我们就得到了每个类别的概率。

$$\Pr(\widehat{y}_{(i)} = 0) = \frac{1}{1 + \sum\limits_{k=1}^{K-1} \mathrm{e}^{\boldsymbol{w}_k^{\mathrm{T}}\boldsymbol{x}_{(i)}}}$$

$$\Pr(\widehat{y}_{(i)} = k) = \frac{\mathrm{e}^{\boldsymbol{w}_k^{\mathrm{T}}\boldsymbol{x}_{(i)}}}{1 + \sum\limits_{k'=1}^{K-1} \mathrm{e}^{\boldsymbol{w}_{k'}^{\mathrm{T}}\boldsymbol{x}_{(i)}}}$$

5.4.2　归一化指数函数

为了计算方便，我们为基准类别 0 增加一组冗余的逻辑斯蒂回归参数。于是，对于所有类别 $k = 0, 1, \cdots, K-1$，概率都可以写成一致的形式。我们把这个计算形式称作 SoftMax 函数，也叫作归一化指数函数。在把任意实数映射为 $[0,1]$ 上的概率的同时，它通过取指数的形式放大了不同 $\boldsymbol{w}_k^{\mathrm{T}}\boldsymbol{x}_{(i)}$ 之间的差异，使得最大值映射到接近 1，而其他值映射到接近 0。SoftMax 函数表达式如下：

$$\Pr(\hat{y}_{(i)} = k) = \frac{e^{\boldsymbol{w}_k^{\mathrm{T}} \boldsymbol{x}_{(i)}}}{\sum\limits_{k'=0}^{K-1} e^{\boldsymbol{w}_{k'}^{\mathrm{T}} \boldsymbol{x}_{(i)}}}$$

运用最大似然估计，或者直接使用交叉熵损失函数，我们都可以得到多类别逻辑斯蒂回归模型的优化目标。为了方便表述，引入标记变量 $q_{(i,k)}$，表示样本 i 的真实类标签是否为 k。当样本 i 的类标签 $y_{(i)} = k$ 时，$q_{(i,k)} = 1$，否则，$q_{(i,k)} = 0$。

由交叉熵损失函数的定义可知，多类别逻辑斯蒂回归的优化目标是最小化下面的损失函数。

$$-\sum_{k=0}^{K-1} q_{(i,k)} \ln \Pr(\hat{y}_{(i)} = k)$$

由于只有当 $y_{(i)} = k$ 时 $q_{(i,k)} = 1$，因此，上面损失函数所有求和项中仅剩余一项，其余各项均为 0。

$$-\ln \Pr(\hat{y}_{(i)} = y_{(i)})$$

运用最大似然估计可以得到相似的结果。最大似然估计要最大化所有样本属于其真实类别的似然概率。

$$
\begin{aligned}
&L(\boldsymbol{w}_0, \cdots, \boldsymbol{w}_{K-1}) \\
&= \ln \prod_i \Pr(\hat{y}_{(i)} = y_{(i)}) \\
&= \sum_i \ln \Pr(\hat{y}_{(i)} = y_{(i)}) \\
&= \sum_i \ln \left(\frac{e^{\boldsymbol{w}_{y_{(i)}}^{\mathrm{T}} \boldsymbol{x}_{(i)}}}{\sum\limits_{k=0}^{K-1} e^{\boldsymbol{w}_k^{\mathrm{T}} \boldsymbol{x}_{(i)}}} \right)
\end{aligned}
$$

当逻辑斯蒂回归用于多类别分类时，优化问题的目标就是最大化上面的似然函数，也就是最小化它的相反数——交叉熵损失函数。从最大似然估计的原理或者上述公式中都可以明显地看出，在多类别分类中，优化目标仅与样本真实类别对应的 SoftMax 输出有关。

5.4.3 交叉熵误差和均方误差的比较

下面，我们来看对于分类问题，为什么应该使用交叉熵损失函数，而不是均方误差。

1）均方误差可能会给类别间的关系带来错误提示。考虑一个三分类问题，类别分别为猫、豹和狗。某个样本的类标签为猫，类标签用一组标记变量可以记为 $(1, 0, 0)$，在均方误差看来，预测 $(0.8, 0.1, 0.1)$ 要优于 $(0.8, 0.15, 0.05)$。这是因为，当我们用均方误差计算预测值与标记变量的距离时，前者的误差是 $(1-0.8)^2 + 0.1^2 + 0.1^2 = 0.06$，后者的误差是 $(1-0.8)^2 + 0.15^2 + 0.05^2 = 0.065$。而在这个实际问题中，类别"猫"和"豹"的距离确实小于类别"猫"和"狗"。均方误差引导优化目标朝着平均化"豹"和"狗"两个类别的方向进行，这种引导是错误的。而交叉熵误差只关注样本的真实类别，对于两种预测，误差都是 $-\ln 0.8$，没有任何额外的倾向性。

2）均方误差应用于 SoftMax 或者 Sigmoid 函数输出时，当分类完全错误时与分类完全正确时一样梯度极小，不利于进行数值优化。对于 Sigmoid 函数的情况，这非常容易直观理解，Sigmoid 函数两端有非常平坦的区域，一旦落入这些区域，训练过程就变得极其缓慢。而无论结果极端正确或者极端错误，都会落入两端平坦的区域，一旦陷入"极端错误"，误差函数就难以引导模型朝着正确的方向优化。

对于 SoftMax 的情况，假设第 k 个类别的 SoftMax 输入为 $z_k = \boldsymbol{w}_k^{\mathrm{T}} \boldsymbol{x}_{(i)}$，输出为 $y_k = \mathrm{e}^{z_k} / \sum\limits_{k'} \mathrm{e}^{z_{k'}}$，那么，输出的导数如下：

$$\frac{\partial y_k}{\partial z_k} = \frac{\mathrm{e}^{z_k} \sum\limits_{k'} \mathrm{e}^{z_{k'}} - \left(\mathrm{e}^{z_k}\right)^2}{\left(\sum\limits_{k'} \mathrm{e}^{z_{k'}}\right)^2}$$

$$= y_k(1 - y_k)$$

当 k 是样本的真实类别而 $y_k = 0$ 时，梯度会消失。交叉熵损失函数可以避免这个问题，y_k 这一项在链式求导的过程中被约掉了。下面是交叉熵误差的梯度，y_k 越小，梯度绝对值越大，符合我们的期望。

$$\frac{\partial (-\ln y_k)}{\partial z_k} = \frac{\partial (-\ln y_k)}{\partial y_k} \cdot \frac{\partial y_k}{\partial z_k}$$

$$= -\frac{1}{y_k} \cdot y_k(1 - y_k)$$

$$= y_k - 1$$

当采用均方误差时，梯度消失的问题无法解决。

$$\frac{\partial \left[(1 - y_k)^2\right]}{\partial z_k} = \frac{\partial \left[(1 - y_k)^2\right]}{\partial y_k} \cdot \frac{\partial y_k}{\partial z_k}$$

$$= 2(y_k - 1) \cdot y_k(1 - y_k)$$

$$= -2y_k(y_k - 1)^2$$

使用均方误差时，若真实类别对应的 SoftMax 输出接近于 0，我们无法依赖梯度迅速提高该类别的输出值，只能寄希望于其他类别的输出在梯度的引导下减小，使得真实类别的 SoftMax 输出能够相对提高。这会导致训练的进度大大放缓。因此，对于分类问题，应该采用逻辑斯蒂回归，使用交叉熵损失函数引导模型向正确的方向优化。

5.5 分类器的决策边界

逻辑斯蒂回归的结果如图 5.3 所示。我们分别用花萼长度和宽度单独预测花的类别，0 表示山鸢尾，1 表示杂色鸢尾，可以看出中间有一些模糊地带无法区分，概率曲线比较平滑。当同时使用两个特征进行分类的时候，预测出的是一个概率曲面。可以看到曲面更加陡峭一些，因为从两个特征维度同时来看，花的种类变得更加容易区分了。

一般来说，对每一个要预测其类别的样本，分类器需要给出一个类别作为输出。当采用逻辑斯蒂回归模型作为分类器的时候，对于二分类问题，可以把属于某一类别的概率等于 0.5（即对数几率为 0）作为分类的界限。由于对数几率与样本特征呈线性关系，所以概率为 0.5 的界面是样本特征构成的空间中的一个超平面。我们把这样的超平面称作逻辑斯蒂回归模型的决策边界。在鸢尾花分类这个问题上，特征只有两个维度，在特征平面上，决策边界表现为一条直线，如图 5.4 所示。

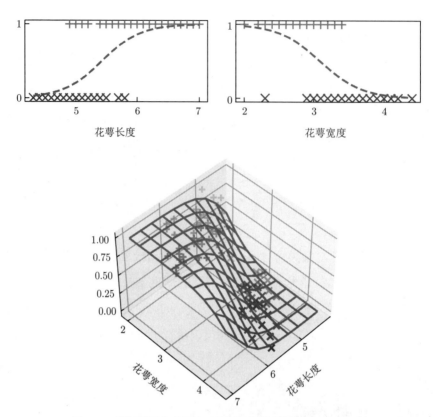

图 5.3   利用逻辑斯蒂回归预测花的类别的概率（见彩插）

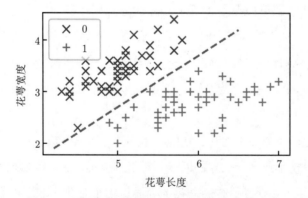

图 5.4   逻辑斯蒂回归模型作为分类器的决策边界

我们已经说明过，感知机模型和逻辑斯蒂回归在分类问题上是等效的。所以，感知机模型的决策边界也是线性的。我们把这些决策边界是线性的分类模型都叫作线性分类器。

有一些模型的决策边界是非线性的，比如决策树。决策树每次取一个特征对样本的特征空间进行垂直于坐标轴的分割，然后对分割的两侧进一步做递归的分割，这样就形成了决策树特有的决策边界形式，如图 5.5 所示。

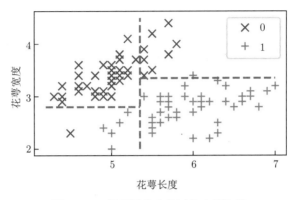

图 5.5 一棵两层的决策树的决策边界

真实世界的数据分类经常需要非线性的分类器。非线性分类器可以通过线性分类器组合得到。比如，决策树是对单个分支（决策树桩或者单层决策树）进行组合得到的。后面我们还会看到，把感知机进行级联得到神经网络，就可以实现非线性分类。另外一种实现非线性分类的方法是对样本空间进行变换。我们已经看到，当单独采用花萼长度或者宽度的时候，都不能用线性模型实现鸢尾花的分类，而同时使用这两个特征，就可以进行线性分类。一些样本在低维特征空间里是线性不可分的，而在高维特征空间里就是线性可分的。除了增加特征数量之外，还可以将低维特征通过变换映射到高维空间，支持向量机就是采用这一方法的代表。

5.6 支持向量机

支持向量机 (Support Vector Machine，SVM) 于 1995 年正式发表[1]，由于其优越的性能和广泛的适用性，成为机器学习的主流技术，并成为解决一般性分类问题的首选方法之一。

支持向量机的发明来源于对分类器决策边界的考察。对于线性可分的两类数据点，有很多条不同的直线可以作为分类的决策边界。有的边界距离两侧或者某一侧的数据点比较近，而有的边界距离两侧的数据点都比较远。在这两种边界中，后者是更好的分类边界。它离所有样本点都更远，可以在两类数据点之间形成更宽的分隔带，如图 5.6 所示。样本点落在边界附近的概率相对较低，尤其是那些没有在训练样本集中出现过的未知数据点，这样的决策边界具有更优秀的泛化能力，更有可能对它们进行正确分类。反之，如果决策边界距离已知的训练样本很近，那么，数据点就有更大概率落在边界上或者边界附近，错误分类的概率就会大大增加，相应的泛化能力就会下降。因此，支持向量机的目标是寻找最宽的分隔带。

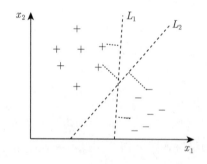

图 5.6   分类器决策边界的考察

对于某个编号为 i 的样本点 $\boldsymbol{x}_i$，线性分类器如何进行分类决策呢？下面我们把逻辑斯蒂回归或者感知机分类的过程用几何语言描述一下。如图 5.7 所示，取一个从原点发出的向量 $\boldsymbol{w}$，使之垂直于决策边界。样本 $\boldsymbol{x}_i$ 也可以视作一个从原点发出的向量。那么，样本 $\boldsymbol{x}_i$ 属于哪个类别，或者说落在决策边界的哪一边，取决于它在 $\boldsymbol{w}$ 方向上的投影长度 $\boldsymbol{w}\cdot\boldsymbol{x}_i/||\boldsymbol{w}||$。由于我们只关心投影的相对长度，因此，可以忽略向量 $\boldsymbol{w}$ 的长度 $||\boldsymbol{w}||$，直接使用点积 $\boldsymbol{w}\cdot\boldsymbol{x}_i$，然后选取常量 b 作为分割点，这样就得到了判别 $\boldsymbol{x}_i$ 类别的决策规则。

- 当 $\boldsymbol{w}\cdot\boldsymbol{x}_i+b\geqslant 0$ 时，$\boldsymbol{x}_i$ 是正样本；
- 当 $\boldsymbol{w}\cdot\boldsymbol{x}_i+b< 0$ 时，$\boldsymbol{x}_i$ 是负样本。

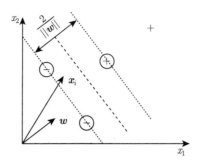

图 5.7　支持向量机模型的目标是找到最宽的分隔带

5.6.1　支持向量

下面，我们要给决策规则增加限制，使得决策边界有一定的"宽度"，而不是无宽度的直线。

- 如果 $\boldsymbol{x}_i$ 是正样本，我们要求 $\boldsymbol{w} \cdot \boldsymbol{x}_i + b \geqslant 1$；
- 如果 $\boldsymbol{x}_i$ 是负样本，我们要求 $\boldsymbol{w} \cdot \boldsymbol{x}_i + b \leqslant 1$。

为了数学上的便利，我们引入一个标记变量 y_i，对于正样本 $y_i = 1$，对于负样本 $y_i = -1$。于是，上面的规则可以改写为：对于任何样本 $(\boldsymbol{x}_i, y_i)$，$y_i(\boldsymbol{w} \cdot \boldsymbol{x}_i + b) - 1 \geqslant 0$。

这时我们发现，对于落在分隔带边缘上的样本，$y_i(\boldsymbol{w} \cdot \boldsymbol{x}_i + b) - 1 = 0$。我们称这些样本点为**支持向量**。后面会看到，最终我们选择的分类边界只取决于支持向量。

根据支持向量，我们还可以计算出分隔带的宽度。假设有一个正样本支持向量 $\boldsymbol{x}_+$，一个负样本支持向量 $\boldsymbol{x}_-$，分隔带的宽度就是这两个向量在 $\boldsymbol{w}$ 方向上的投影长度之差，即 $2/||\boldsymbol{w}||$。

$$
\begin{aligned}
&(\boldsymbol{x}_+ - \boldsymbol{x}_-) \cdot \frac{\boldsymbol{w}}{||\boldsymbol{w}||} \\
=&\frac{(1-b) - (-1-b)}{||\boldsymbol{w}||} \\
=&\frac{2}{||\boldsymbol{w}||}
\end{aligned}
$$

支持向量机的目标是最大化分隔带的宽度，也就是最小化 $||\boldsymbol{w}||$，为了数学上的便利，我们进一步将目标设定为最小化 $\frac{1}{2}||\boldsymbol{w}||^2$。这是一个最优化问题，但是我们不能直

接取导数等于 0 解方程求极值。这是一个有约束条件的最优化问题，约束条件是对所有样本 $y_i(\boldsymbol{w} \cdot \boldsymbol{x}_i + b) - 1 \geqslant 0$。对于有约束条件的最优化问题，要采用拉格朗日乘子法。

5.6.2 拉格朗日乘子法

拉格朗日乘子法可以将有约束的最优化问题转化为无约束的最优化问题。拉格朗日乘子法在二维的情形可以帮助我们理解其中的原理，如图 5.8 所示。

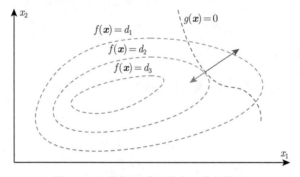

图 5.8   拉格朗日乘子法在二维的情形

函数 $f(\boldsymbol{x})$ 是要优化的目标函数，图 5.8 中绘制出了它的 3 条等高线 $f(\boldsymbol{x}) = d_i$，其中 $i = 1, 2, 3$。按照图中绘制的梯度方向，$d_3 > d_2 > d_1$。而约束条件是 $g(\boldsymbol{x}) = 0$。在满足该约束条件的前提下，$f(\boldsymbol{x})$ 取得极值 d_2，在取得极值的位置，曲线 $f(\boldsymbol{x}) = d_2$ 和 $g(\boldsymbol{x}) = 0$ 是相切的。可想而知，如果两条曲线不相切，在两条曲线交点处沿着曲线 $g(\boldsymbol{x})$ 左右移动，$f(\boldsymbol{x})$ 的值就会分别向 d_1 和 d_3 变化，朝一个方向增大，而朝着另一个方向减小，这与 $f(\boldsymbol{x})$ 在此处取得极值是矛盾的。因此，两条曲线必须相切，也就是说，它们的梯度方向是共线的，即存在常数 α 使得 $\nabla f(\boldsymbol{x}) + \alpha \nabla g(\boldsymbol{x}) = 0$。因此，在 $f(\boldsymbol{x})$ 取得极值的位置，$L(\boldsymbol{x}, \alpha) = f(\boldsymbol{x}) + \alpha g(\boldsymbol{x})$ 的偏导数为 0，于是，问题转化为了 $L(\boldsymbol{x}, \alpha)$ 的无约束优化问题。这就是拉格朗日乘子法的原理。

如果要求解 $f(\boldsymbol{x})$ 的极值，同时满足约束 $g(\boldsymbol{x}) = 0$，那么，可以转换为求解无约束的 $L(\boldsymbol{x}, \alpha) = f(\boldsymbol{x}) + \alpha g(\boldsymbol{x})$ 的极值。图 5.8 展示了二维的情况，说明当 $f(\boldsymbol{x})$ 取得极值时，其函数曲线与约束条件 $g(\boldsymbol{x}) = 0$ 的曲线是相切的。我们可以应用反证法得到这一结论，假设曲线不相切，沿着 $g(\boldsymbol{x}) = 0$ 的曲线在交点处的邻域移动，一定可以找到大

于或者小于当前 $f(\boldsymbol{x})$ 的取值，这与 $f(\boldsymbol{x})$ 在此处取得极值是相互矛盾的。

拉格朗日乘子法用一个新的目标函数 $L(\boldsymbol{x},\alpha)=f(\boldsymbol{x})+\alpha g(\boldsymbol{x})$，非常巧妙地同时包含了原始约束条件和新的相切要求。首先看这个新的目标函数如何包含原始约束条件。对 α 求偏导数，令偏导数等于 0，就得到了原始约束条件 $\partial L/\partial\alpha=g(\boldsymbol{x})=0$。同时，目标函数包含了 $f(\boldsymbol{x})$ 和 $g(\boldsymbol{x})$ 相切的要求，对 $\boldsymbol{x}$ 求偏导数，就得到了梯度方向共线的条件，即 $\partial L/\partial\boldsymbol{x}=\nabla f(\boldsymbol{x})+\alpha\nabla g(\boldsymbol{x})=0$。另外，目标函数 L 还能覆盖 $f(\boldsymbol{x})$ 的无约束极值点恰好落在 $g(\boldsymbol{x})=0$ 上面的情况，此时 $f(\boldsymbol{x})$ 的梯度为 0，如果求解得到 $\alpha=0$，就说明出现了这种情况。

如果约束条件是不等式 $g(\boldsymbol{x})\leqslant 0$，则需要同时满足 KKT（Karush-Kuhn-Tucker）条件（下面列出的条件以求目标函数极小值为前提）。

$$\begin{cases} g(\boldsymbol{x})\leqslant 0 \\ \alpha\geqslant 0 \\ \alpha g(\boldsymbol{x})=0 \end{cases}$$

KKT 条件实际上是对两种情况的综合。第 1 种情况是极值点落在 $g(\boldsymbol{x})<0$ 的范围内，此时 $\alpha=0$，目标函数退化为 $f(\boldsymbol{x})$ 的无约束优化。第 2 种情况是极值点落在 $g(\boldsymbol{x})=0$ 上，这时我们需要考虑要求目标函数 $f(\boldsymbol{x})$ 的极大值还是极小值。为了不失一般性，这里考虑求极小值。假设在 $g(\boldsymbol{x})=0$ 的边界上，有 $f(\boldsymbol{x})=d$ 与之相切，而且两者的梯度方向相同，那么，在 $g(\boldsymbol{x})<0$ 的一侧，同样会有 $f(\boldsymbol{x})<d$，这与 $f(\boldsymbol{x})=d$ 为极小值是矛盾的。因此，第 2 种情况要求 $f(\boldsymbol{x})$ 和 $g(\boldsymbol{x})$ 的梯度方向相反，也就是说，$\alpha\geqslant 0$。这两种情况综合在一起，就得到了 KKT 条件。

对于有多个约束条件的情况，设第 i 个约束条件为 $g(\boldsymbol{x})_i=0$（不等式约束的情况类似），可以反复应用上述转化，最终转化为无约束优化 $L(\boldsymbol{x},\boldsymbol{\alpha})=f(\boldsymbol{x})+\sum_i\alpha_i g_i(\boldsymbol{x})$。

现在，我们回到支持向量机的问题，优化目标是 $\frac{1}{2}||\boldsymbol{w}||^2$，约束条件是 $y_i(\boldsymbol{w}\cdot\boldsymbol{x}_i+b)-1\geqslant 0$。为了应用拉格朗日乘子法，将约束条件的不等号方向调换一下，$1-y_i(\boldsymbol{w}\cdot\boldsymbol{x}_i+b)\leqslant 0$。根据拉格朗日乘子法，优化的目标变为最小化如下函数 L：

$$L(\boldsymbol{w},b,\boldsymbol{\alpha})=\frac{1}{2}||\boldsymbol{w}||^2+\sum_i\alpha_i\left[1-y_i(\boldsymbol{w}\cdot\boldsymbol{x}_i+b)\right]$$

支持向量机优化问题的 KKT 条件如下：

$$\begin{cases} y_i(\boldsymbol{w} \cdot \boldsymbol{x}_i + b) - 1 \geqslant 0 \\ \alpha_i \geqslant 0 \\ \alpha_i \left[y_i(\boldsymbol{w} \cdot \boldsymbol{x}_i + b) - 1 \right] = 0 \end{cases}$$

观察这些条件，可以发现，只有当样本位于分隔带边缘时，才有 $y_i(\boldsymbol{w} \cdot \boldsymbol{x}_i + b) - 1 = 0$，这些样本就是**支持向量**。对于其他样本，$y_i(\boldsymbol{w} \cdot \boldsymbol{x}_i + b) - 1 > 0$，也就是说，对于非支持向量，必须有 $\alpha_i = 0$。因此，只有当 $\boldsymbol{x}_i$ 是支持向量的时候，才有 $\alpha_i \neq 0$。支持向量机产生的模型，仅仅与支持向量有关。

下面，我们再稍稍向前推进一步，对目标函数 L 求导数，令导数等于 0，进行求解。

$$\frac{\partial L}{\partial \boldsymbol{w}} = \boldsymbol{w} - \sum_i \alpha_i y_i \boldsymbol{x}_i = 0 \qquad \Rightarrow \boldsymbol{w} = \sum_i \alpha_i y_i \boldsymbol{x}_i$$

$$\frac{\partial L}{\partial b} = -\sum_i \alpha_i y_i = 0 \qquad \Rightarrow 0 = \sum_i \alpha_i y_i$$

将上面两个结果代入目标函数，我们可以从中消去 $\boldsymbol{w}$ 和 b，得到下面新的目标函数。由于仅剩下变量 $\boldsymbol{\alpha}$，因此，这是一个二次规划问题，我们可以使用各种数值优化方法和通用的二次规划问题求解方法解决它。

$$L = \sum_i \alpha_i - \frac{1}{2} \sum_i \sum_j \alpha_i \alpha_j y_i y_j \boldsymbol{x}_i \cdot \boldsymbol{x}_j$$

求解出 $\boldsymbol{\alpha}$ 之后，就可以得到 $\boldsymbol{w}$ 和 b，以及模型的分类判别函数。

$$\boldsymbol{w} \cdot \boldsymbol{x} + b = \sum_i \alpha_i y_i \boldsymbol{x}_i \cdot \boldsymbol{x} + b$$

5.6.3　非线性分类与核函数

支持向量机有一个很有趣的特征，在其目标函数以及产出的模型中，关于输入数据，只有向量内积运算 $\boldsymbol{x}_i \cdot \boldsymbol{x}_j$。这个特征在处理非线性分类问题的时候非常有价值。

到目前为止，支持向量机解决的是线性分类问题。如何解决线性不可分的问题呢？在低维空间线性不可分的问题，通常可以采用将数据映射到高维空间的方法，这样问题就变成了高维空间的线性可分问题。图 5.9 所示是异或问题，左边的异或问题在二维时不可分，增加一个维度后，虽然二维投影没有变化，但是在第三个维度上，这个问题变得线性可分。在二维平面上，无法找到一条直线将点 $(0,0),(1,1)$ 与 $(0,1),(1,0)$ 分在直线两侧。这是一个典型的非线性分类问题。当我们增加一个维度，将两组点映射到 $(0,0,0),(1,1,0)$ 和 $(0,1,1),(1,0,1)$ 时，两组点就可以用一个二维平面分隔开来。这个问题在三维空间中变成线性可分问题。

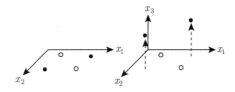

图 5.9 通过增加维度使得线性不可分的问题变成线性可分的问题

实际问题的空间变换要比异或问题复杂得多。假设 $\boldsymbol{x} \to \phi(\boldsymbol{x})$ 是我们需要的空间变换，我们要把所有数据经过 ϕ 变换，然后应用支持向量机。由于支持向量机的计算中只用到向量内积运算，因此只需要计算 $\phi(\boldsymbol{x}_i) \cdot \phi(\boldsymbol{x}_j)$。我们注意到，其实并不需要真的计算变换 ϕ，真正需要的是一个关于两个向量的函数，我们把这个函数记作 κ。

$$\kappa(\boldsymbol{x}_i, \boldsymbol{x}_j) = \phi(\boldsymbol{x}_i) \cdot \phi(\boldsymbol{x}_j)$$

我们把 κ 称作核函数，它为我们进行空间变换提供了很大便利，是解决非线性分类问题的关键。如果空间变换 ϕ 的形式是已知的，当然可以直接计算出函数 κ。然而，核函数的优势是我们通常并不需要知道空间变换的具体形式，只需要定义核函数如何计算即可。下面是一些常用的核函数。

- 线性核：$\kappa(\boldsymbol{x}_i, \boldsymbol{x}_j) = \boldsymbol{x}_i \cdot \boldsymbol{x}_j$，这就是支持向量机原始的线性形式。
- 多项式核：$\kappa(\boldsymbol{x}_i, \boldsymbol{x}_j) = (\boldsymbol{x}_i \cdot \boldsymbol{x}_j)^d$，其中 d 是多项式的次数。
- 高斯核：$\kappa(\boldsymbol{x}_i, \boldsymbol{x}_j) = \exp\left(-||\boldsymbol{x}_i - \boldsymbol{x}_j||^2/2\sigma^2\right)$，其中 σ 是带宽参数，适用于高斯分布的数据。高斯核也叫作径向基函数（Radial Basis Function，RBF）核。

核函数中的空间变换思想在其他模型中也很常见。比如，后面我们会看到多层感知机组织成的神经网络模型，实际上也可以理解为不断对数据进行空间变换，最终将数据映射为不同类别，或者映射到期望的目标输出。

5.7 动手实践

5.7.1 使用逻辑斯蒂回归

我们采用 scikit-learn 软件包中提供的逻辑斯蒂回归模型，加载鸢尾花数据集。该数据集包含 3 种鸢尾花，这里仅采用其中前两种鸢尾花进行二分类。鸢尾花的特征也仅采用前两种特征，即花萼长度和花萼宽度。

```python
import numpy
from sklearn import datasets
from sklearn.linear_model import LogisticRegression


# 加载鸢尾花数据集
iris = datasets.load_iris()
# 只使用类别0和类别1
index = iris.target < 2
# 只使用花萼长度和花萼宽度这两个特征
X = iris.data[index,:2]
Y = iris.target[index]


# 建立逻辑斯蒂回归模型
classifier = LogisticRegression()
classifier.fit(X, Y)


# 计算分类正确率
y = classifier.predict(X)
error = numpy.mean(numpy.abs(y-Y))
print(error)
```

```
# 输出0.0，表示能够完全正确分类
```

5.7.2　观察分类边界

下面，我们来绘制逻辑斯蒂回归模型的分类边界。我们可以直接从模型对象中获得权值向量 w 和偏置参数 b，然后找到分类边界，即直线 $w \cdot x + b = 0$（对于更高维度的问题，这是一个平面或者超平面）。

```
print(classifier.coef_)
# 输出权值向量
# [[ 3.0786959 -3.0220097]]
print(classifier.intercept_)
# 输出偏置参数
# [-7.30634549]
```

这里，我们采取另一种方法观察分类器的决策边界。对于更加复杂的模型，这种方法仍然适用，而且不需要知道决策边界的具体解析表达式。我们构建一个密集的网格，使之铺满样本空间，相当于在样本空间中进行均匀的采样。对于每一个网格点，都输入模型进行预测，通过预测结果就可以观察到分类的决策边界，如图 5.10 所示。

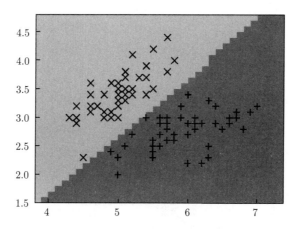

图 5.10　利用密集网格采样获得的逻辑斯蒂回归模型决策边界

```python
import matplotlib.pyplot as plt
import numpy

# 建立一个二维网格
# 计算所有网格点对应的预测值
xx, yy = numpy.meshgrid(
    numpy.arange(X[:,0].min()-0.5,X[:,0].max()+0.5,0.1),
    numpy.arange(X[:,1].min()-0.5,X[:,1].max()+0.5,0.1))

# 将网格点组织为二维输入样本
input = numpy.concatenate(
    (xx.reshape((-1,1)), yy.reshape((-1,1))), axis=1)

# 计算出模型的预测结果
# 然后重新组织为网格点对应的位置
z = classifier.predict(input)
z = z.reshape(xx.shape)

# 将网格点的预测结果显示出来
# 这样就可以观察到分类边界
plt.figure(figsize=(4, 3))
plt.pcolormesh(xx, yy, z, cmap=plt.cm.Paired)

# 同时叠加显示两个类别的样本点
for i in range(2):
    index = Y == i
    mark = 'kx' if i == 0 else 'k+'
    plt.plot(X[index,0], X[index,1], mark)

plt.show()
```

5.7.3 使用支持向量机

下面我们用支持向量机处理同样的数据。这里我们采用线性核函数与高斯核函数，高斯核的带宽参数取 1。这里还有一个额外的正则化参数 C，参数越小，正则化强度越大。正则化通过向优化目标函数添加额外的惩罚项，以限制模型参数（如权值 w）的大小。正则化的目的通常是避免过拟合训练样本，以保证模型的泛化性能。在这里，为了显示模型的原始效果，我们采用一个较大的参数值，避免正则化过于明显。

图 5.11 显示了支持向量机在鸢尾花数据集上的分类结果，圆圈标记了模型选择的支持向量。观察决策边界，我们可以看到，线性核的决策边界与逻辑斯蒂回归模型是相似的，是一条直线。图中显示出了模型选择的支持向量，可以看到，只有决策边界附近的样本点被选为支持向量。与线性核不同，高斯核的决策边界明显呈现出曲线的形状，它可以处理非线性的分类问题。采用高斯核时，可以想象有若干高斯分布围绕着样本点中的支持向量，这些分布的等概率曲线形成了决策边界。因此，高斯核的决策边界倾向于包裹样本点。

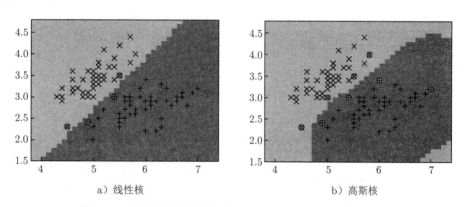

a）线性核   b）高斯核

图 5.11 支持向量机模型在鸢尾花数据集上分类的决策边界

```python
import numpy
import matplotlib.pyplot as plt
from sklearn import svm, datasets


# 加载鸢尾花数据集
```

```python
iris = datasets.load_iris()
index = iris.target < 2
X = iris.data[index,:2]
Y = iris.target[index]


# 创建两个支持向量机，分别采用线性核与高斯核
# C是正则化参数，数值越大正则化强度越小
# 正则化参数是用来防止过拟合的
# 这里使用一个较大的参数值减弱正则化，以便显示原始结果
linear_svm = svm.SVC(kernel='linear', C=1e5)
# 高斯核的带宽参数是gamma
rbf_svm = svm.SVC(kernel='rbf', C=1e5, gamma=1)
svm_models = [linear_svm, rbf_svm]
for model in svm_models:
    model.fit(X, Y)


# 分别绘制两个支持向量机的决策边界
xx, yy = numpy.meshgrid(
    numpy.arange(X[:,0].min()-0.5,X[:,0].max()+0.5,0.1),
    numpy.arange(X[:,1].min()-0.5,X[:,1].max()+0.5,0.1))
input = numpy.concatenate(
    (xx.reshape((-1,1)), yy.reshape((-1,1))), axis=1)
for model in svm_models:
    z = model.predict(input)
    z = z.reshape(xx.shape)
    fig = plt.figure(figsize=(4, 3))
    plt.pcolormesh(xx, yy, z, cmap=plt.cm.Paired)
    # 绘制样本点
    for i in range(2):
        index = Y == i
        mark = 'kx' if i == 0 else 'k+'
```

```
    plt.plot(X[index,0], X[index,1], mark)
# 绘制支持向量
support = model.support_vectors_
plt.scatter(support[:,0], support[:,1], c='y', edgecolors='k')
plt.show()
```

参考文献

[1] CORTES C, VAPNIK V. Support vector machine[J]. Machine learning, 1995, 20(3):273–297.

第二部分

第 **6** 章

人工神经网络

人工神经网络（Artifical Neural Network，ANN）是按照联结主义思想构建的智能计算模型。生物通过相互连接的大量神经元实现了智能，人们受此启发，相信通过将人工神经元组织成相互连接的网络，也能使机器表现出智能。由此产生了一系列神经网络计算模型，比如，前馈神经网络、循环神经网络、径向基函数网络、自组织神经网络、玻耳兹曼机等。本章着重介绍广泛用于计算机视觉、自然语言处理、强化学习等领域的前馈神经网络。

6.1　异或问题和多层感知机

早在计算机始现雏形的时期，人们就构造了感知机模型，用来模拟神经元进行学习和智能决策。当时感知机模型被寄予厚望，其中一些构想现在看来仍有科幻色彩。后续研究让人们很快认识到了感知机模型的局限性，闵斯基（Marvin Minsky）等人指出，通过在感知机的输入和输出层之间加入内部表示单元就可以突破感知机的局限性。然而，当时并没有找到合适的方法来训练增加了中间层的感知机。联结主义就此沉寂了一段时间，直至 20 世纪 80 年代中期，鲁梅尔哈特（David Rumelhart）等人提出了反向传播算法，才使得训练多层感知机成为可能 [1-2]。他们的文章发表在顶级学术刊物《自然》

上，联结主义和神经网络模型再次受到了人们的关注。

下面来看他们在文章中提到的"异或问题"（Exclusive-Or，XOR）。由于感知机模型和逻辑斯蒂回归的等效性，它只能解决线性分类问题，对于非线性分类问题无能为力。"异或"这种布尔运算，就是一个非常简单而且典型的非线性问题，是用来展示感知机和多层神经网络的差别的经典问题。

异或问题实际上就是比较两个输入的二进制数位是否相等，如表 6.1 所示。如果把异或的输出值画在二维平面上，可以明显看出，不存在一条直线能够分割不同输出值，如图 6.1 所示。这说明感知机模型无法模拟异或运算。

表 6.1　异或问题

x_1	x_2	x_1 XOR x_2
0	0	0
0	1	1
1	0	1
1	1	0

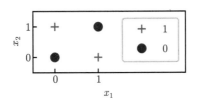

图 6.1　不存在一条直线能够分割异或问题的不同输出值

我们可以徒手构造一个加入了"中间层"的感知机模型来解决异或问题（见图 6.2），这个中间层也叫作"隐藏层"。当我们说"多层感知机"（Multiple Layer Perceptron，MLP），通常就是指这种只含有单个隐藏层的神经网络。多层感知机是前馈神经网络（Feed-forward Neural Network）的一种。前馈神经网络把每一层的输出作为下一层的输入，从输入层逐层连接到输出层，因此，它可以有任意多个隐藏层。

为什么感知机在层叠之后可以具有更强的表达能力呢？设想如果感知机没有非线性激活函数，只是取输入参数的线性和，那么层叠的感知机具有非线性分类能力吗？由于线性运算的叠加依然是线性运算，我们知道这个问题的答案是否定的：没有了非线性激活函数，多层感知机叠加也无法解决非线性分类问题。可见，多层神经网络具有更强表达力的关键在于非线性的激活函数。我们可以把激活函数想象为陡峭的斜面，权值参数可以控制这些斜面的走向，若干不同的斜面进行组合，可以拟合任意复杂的曲面形状。这是具有一个隐藏层的神经网络拥有强大表达力的直观解释。

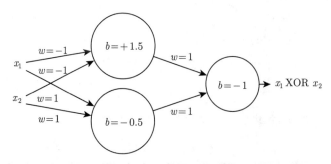

图 6.2　计算异或运算的多层感知机。w 表示神经连接权值，b 表示偏置。每个神经元的输入求和得到 $s = \sum wx + b$，经过激活函数得到输出。激活函数为分段函数，如果 $s > 0$，那么输出 $\sigma(s) = 1$，否则输出 $\sigma(s) = 0$。这个多层感知机可以实现二进制的异或计算，这是一个"徒手"构造得到的模型，对于类似异或运算这样的简单问题可以采用构造的方法，对于复杂问题，我们要采用神经网络的学习算法

6.2　反向传播算法

学习神经网络的权值参数，实际上采用与感知机完全相同的梯度下降法。早期感知机模型从仿生学的角度，根据人们对生物神经系统的理解，采用了赫布规则进行权值更新。我们把感知机和神经网络模型都作为最优化问题，用数值优化方法进行求解，我们会发现梯度下降法对它们都是适用的。该方法在被提出之时，被冠名为"反向传播（back propagation）算法"，这是因为对于前馈神经网络来说，权值更新的顺序与正常计算网络输出的顺序刚好相反，是从输出层向输入层反向进行传播的。梯度下降法的关键是求取误差关于模型参数（连接权值）的梯度（即导数），反向传播算法从输出层开始计算误差，并将误差沿着神经元连接反向传播。

输出层的误差是可以直接根据输出和目标值进行计算的，采用不同的损失函数可以计算出不同的误差。如果我们希望输出拟合某些期望的目标值，可以采用均方误差

（mean squared error）；如果将输出用作分类，可以采用逻辑斯蒂回归模型的交叉熵损失函数（cross entropy loss）等。下面看一下如何用反向传播误差的方式计算某个神经元连接权值的梯度。

如图 6.3 所示，我们设想某个中间层神经元 j，它的前一层有神经元 i 与之连接，作为它的输入；它的后一层有神经元 k 与之连接，以它作为输入。设损失函数为 E，神经元 i 的输出记作 $x_i = \sigma(s_i)$，其中 σ 是激活函数，s_i 是它所连接的输入的加权和。其他神经元以此类推。我们需要计算导数 $\dfrac{\partial E}{\partial w_{ij}}$，它提供了权值更新的方向。假设 α 为学习率，权值更新量为 $\Delta w_{ij} = -\alpha \dfrac{\partial E}{\partial w_{ij}}$。

$$\begin{aligned}
\frac{\partial E}{\partial w_{ij}} &= \frac{\partial E}{\partial x_j} \cdot \frac{\partial x_j}{\partial s_j} \cdot \frac{\partial s_j}{\partial w_{ij}} \\
&= \frac{\partial E}{\partial x_j} \cdot \frac{\partial \sigma(s_j)}{\partial s_j} \cdot \frac{\partial \sum_u w_{uj} x_u}{\partial w_{ij}} \\
&= \frac{\partial E}{\partial x_j} \cdot \sigma'(s_j) \cdot x_i
\end{aligned}$$

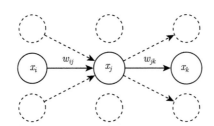

图 6.3 利用链式求导法则进行误差的反向传播

可见，关键是计算 $\dfrac{\partial E}{\partial x_j}$。我们要采用链式求导法则。由于 E 是神经元 k 所在层的各个神经元输出 x_k 的函数，同时，x_k 也是 x_j 的函数。据此，我们可以对 $\dfrac{\partial E}{\partial x_j}$ 进行展开。

$$\begin{aligned}
\frac{\partial E}{\partial x_j} &= \sum_k \frac{\partial E}{\partial x_k} \cdot \frac{\partial x_k}{\partial s_k} \cdot \frac{\partial s_k}{\partial x_j} \\
&= \sum_k \frac{\partial E}{\partial x_k} \cdot \sigma'(s_k) \cdot w_{jk}
\end{aligned}$$

这样，就可以利用后一层的误差 $\dfrac{\partial E}{\partial x_k}$ 来计算前一层的误差 $\dfrac{\partial E}{\partial x_j}$。这就是误差的反向传播。从上面的推导可以看出，这个过程很像把误差作为输入，将神经网络的方向倒转，逐层加权求和来传播误差。

6.3　深度神经网络

虽然人们早在 20 世纪 80 年代就解决了多层神经网络模型的训练问题，但是，受限于当时计算机的性能，没有充分挖掘神经网络模型的潜力。在处理图像、语言等输入维度较高的信息时，往往需要大规模的神经网络来产生足够丰富的中间表示。闵斯基等人在研究感知机模型的局限性时就指出了增加中间层对于扩展模型的表达力的重要性；鲁梅尔哈特等人在提出反向传播算法的时候，也以学习内部表示（internal representation）作为解决问题的目标。神经网络处理信息的过程就是对输入信息中的特征进行自动提取，因此当输入很复杂时，需要有足够多的中间单元对输入的各种特征进行抽象表示，这样输出层才能够在这些中间表示的基础上产生预期的输出。

6.3.1　生物神经机制的启示

当扩展神经网络的中间表示单元时，我们有两种选择：增加网络的宽度，或者增加网络的深度。研究显示，表示同样复杂的特征，增加网络的宽度所需的神经元数量要远远大于增加网络的深度，在增加同样数量神经元的情况下，增加深度可以获得更丰富的表达力。这一点我们能够从高等动物的视觉神经系统中得到一些印证，生物神经系统也采取了增加深度的策略。

神经生物学家通过在神经系统中植入微电极，或者采取磁共振成像等方法，研究动物视觉神经系统对刺激的响应，从而理解神经系统对视觉信息的加工处理机制。研究发现，神经系统对视觉信号的处理过程是明显分层，逐层递进的[3]。在视网膜上的神经元，仅仅对局部光刺激随着时间或空间的变化产生反应，比如，有的神经元对弥散的漫射光照没有响应，但是对光斑刺激会产生响应，而有的神经元仅在给予光照或撤去光照时产生响应。随着神经信号向大脑传递，神经元响应的特征越来越复杂，能够感知的视野范围也越来越大，直至最终产生高度抽象的视觉认知。

迄今为止，我们尚未完全理解大脑处理视觉信号的机制，生物神经系统精细的视觉感知和准确的辨识能力，让人造智能系统难以望其项背。然而，有限的发现已经为我们建立神经网络模型带来了很多启示。比如，在灵长类动物的视觉神经通路上，神经信号在视网膜上产生后，依次传入大脑皮层的 V1、V2、V4 和 IT 等区域，如表 6.2 所示。在 V1 区，神经元对视野中的边缘或者条状刺激敏感，而且能够识别视野中的边缘及其朝向。在 V2 区，神经元对边缘的端点、交叉，纹理的频率、尺度等特征产生响应。在其后的 V4 区 [4]，神经元感知的范围更大、特征更复杂，实验发现，V4 区神经元能够识别视野中的简单形状，对形状的尖锐程度、凸起或者凹陷的方向等特征敏感。而在 IT 区域，神经元能够感知更加复杂的视觉特征组合，对出现在视野中的特定物体产生响应，比如，能够响应视野中出现的面部特征。这些发现表明，生物神经系统对信息的加工是逐层抽象的过程。这启发人们采用多层深度神经网络进行复杂的信息处理任务。

表 6.2 灵长类动物视觉神经通路上的各区域

区域	功　能
视网膜	感受局部光刺激的变化
V1 区	识别视野中的边缘及其朝向
V2 区	感知边缘的端点、交叉、纹理的频率、尺度等
V4 区	识别一些简单形状
IT 区	感知一些特征组合，对特定物体产生响应，如面部特征等

6.3.2 解决深度神经网络面临的问题

随着计算机性能的提升（得益于游戏和动画视频渲染不断对 GPU 性能提出更高要求），人们终于有可能训练更大规模的神经网络模型。然而，在最终能够训练出有效的模型前，还需要解决两个主要问题：

1) 误差在逐层传播的过程中会不断衰减，导致无法将有效的信号传入较深层的网络；

2) 大规模的网络有数量庞大的参数，极容易发生过拟合训练样本的问题。虽然能够准确预测训练数据，但是在实际应用于未知数据时，缺乏很好的泛化能力。

误差难以传播的原因之一来自广泛应用的 Sigmoid 激活函数本身。除了接近原点的区域之外，Sigmoid 函数的两端过于平直，导数接近于 0，一旦落入该区域，训练就会失去梯度的引导，进度变得极为缓慢，如图 6.4 所示。随着网络的加深，这种缺点尤为突出，误差在反向传播的过程中很容易衰减到太小以至于失去引导网络朝着正确方向改进的能力。这种情况叫作**梯度信号衰减**。

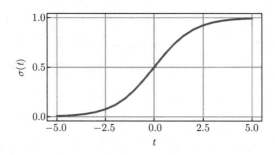

图 6.4　Sigmoid 激活函数

修正线性单元（Rectified Linear Unit，ReLU）是一种更加适合深度网络的激活函数。它的计算过程非常简单，$f(t) = \max(0, t)$，当输入小于等于 0 时，输出为 0，当输入大于 0 时，输出为输入本身，如图 6.5 所示。它的导数计算也非常简单，当输入小于等于 0 时，导数为 0，当输入大于 0 时，导数为 1。导数不会随着输入增大产生衰减，这就有效避免了 Sigmoid 函数所遇到的梯度信号衰减问题。

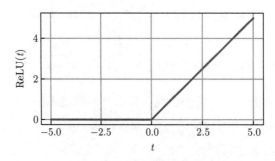

图 6.5　ReLU 激活函数

由于修正线性单元在输入小于 0 的区域导数为 0，有时会导致神经元陷入不活跃的状态，得不到脱离不活跃状态的梯度信号。因此，我们常常采用一种带有"泄露"（leaky）

的变体，给小于 0 的部分一个较小的斜率。带有泄露的修正线性单元（Leaky ReLU）
激活函数如下：

$$\text{LeakyReLU}(t) = \begin{cases} t, & \text{如果} t \geqslant 0 \\ \lambda t & \text{如果} t < 0\text{，其中} \lambda \text{是小于 1 的正数} \end{cases}$$

深度神经网络的另一个问题是**过拟合**。这个问题来源于深度神经网络自身强大的表
达能力，当模型所能容纳的复杂度高于样本的真实复杂度时，模型会倾向于用过于复杂
的方式描述原本较为简单的问题。这类似于用过于庞大的决策树对训练样本进行完全准
确的分类，决策树末端分支采纳了样本间无关紧要的细微差异作为分支条件，并没有捕
捉到不同类别样本的关键差异。这样的决策树就是过拟合的，无法正确分类真实样本。
为了防止深度神经网络过拟合，人们提出了很多方法。比如，**丢弃法**（Dropout）在训
练时将中间层的某些输入随机设置为 0。一方面，这种方法能够在每一层输入中引入噪
声，从而实现扩增训练数据的效果，相当于增加了样本的数量；另一方面，该方法迫使
一部分神经连接完成之前由整个网络完成的工作，削弱了神经元之间相互适应产生的关
联性，增强了神经元的独立性。再如，**批归一化**（Batch Normalization）是另一种防止
过拟合的常见方法。该方法对中间层的输出进行归一化，对输出的均值和方差进行调整
和约束，根据训练数据学习均值和方差调整的目标。这样可以有效限制随机噪声对中间
层输出的扰动，防止梯度爆炸，同时，还可以将中间层的输出调整到更加符合真实数据
分布的范围内。这些方法都在深度神经网络的强大表达力之上附加了限制条件。这一类
方法，在机器学习中被称为**正则化方法**。为了防止模型过拟合，正则化方法给模型的优
化目标加入了额外的约束，这就像把肆意乱窜的猛兽关进了笼子。

然而，数量充足而且丰富均衡的训练样本才是深度神经网络模型训练成功的关键。
正则化方法引入的约束通常是与具体问题和真实数据无关的先验约束，并不能保证引导
模型拟合数据的真实分布。真实分布永远存在于真实数据之中。真正能够防止过拟合，
使模型反映真实数据分布的，是充足、丰富、平衡的训练样本。充足是说训练样本的规
模要与目标网络模型的参数规模相匹配；而丰富、平衡是说各种类别、各种情况的样本
都要有，并且数量要尽可能平衡，因为模型很难在稀缺的样本中学习统计规律。这就像
人的学习过程一样，只有见多识广才能够避免狭隘的偏见。

李飞飞（Fei-Fei Li）等人在 2006 年发起并建立了 ImageNet 数据集，这是一个包含

上千万张图片、数千不同类别物体的数据集，处理计算机视觉任务的深度神经网络通常在这个数据集上进行训练。辛顿（Geoffrey Everest Hinton）等人的 AlexNet[5] 是最早广为人知的深度神经网络模型之一。这是一个 8 层的神经网络模型，它就是以 ImageNet 为训练样本训练出的模型，可以解决图片物体识别分类问题。

6.4 卷积和池化

6.4.1 神经连接的局部性

前面提到的 AlexNet 神经网络模型由 8 层构成，其中，前 5 层是卷积层，只有后面 3 层是全连接层。全连接层是前馈神经网络最为一般的形式，神经元在层与层之间建立完全连接，即一层中的每个神经元都以前一层所有神经元的输出作为输入。

当处理图像等高维信息的时候，全连接层需要很多权值，因为神经元要与每个像素点连接。这不利于神经元提取图像的局部信息，而提取图像局部特征是深度神经网络的前几层的主要任务。最初几层神经元应该聚焦图像的局部特征，逐渐扩大单个神经元感知的图像范围，逐层提高信息抽象的程度，这样，最终就可以在输出层整合整幅图像，得到一个用于图像分类或者物体检测的输出值。卷积层的出现满足了这种需求，它将神经元的连接限制在局部，每个神经元只与对应位置的矩形区域内的输入神经元进行连接。比如，当计算 3×3 的卷积时，卷积层的每个神经元仅与前一层对应位置局部的 3×3 个神经元发生连接。全连接层与卷积层的区别如图 6.6 所示。

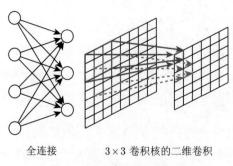

全连接 3×3 卷积核的二维卷积

图 6.6　全连接层与卷积层的区别

6.4.2　平移不变性

除了**局部性**之外，卷积层的另外一个特征是**平移不变性**。图像特征本身具有平移不变性，局部特征的位置不是特征本身的内在属性。比如，无论一只猫出现在图像中的任何位置，都不影响我们认知它是一只猫。为了实现平移不变性，卷积层中不同位置的神经元共享同一组连接权值，这组连接权值称作**卷积核**。比如，3×3 的卷积核是一个 3×3 的矩阵。图像卷积操作就是用一个卷积核在图像上进行平移扫描，计算局部图像块与卷积核的"点积"，即对应位置元素乘积的和。向量点积与向量间的余弦距离是成正比的，反映了向量之间的相似程度。图像卷积操作的结果实际上也反映了图像局部与卷积核的相似程度，与卷积核相似的局部特征就这样被提取出来。为了提取出不同的局部特征，在神经网络模型中，每个卷积层通常包含若干个不同的卷积核，每个卷积核扫描输入图像产生一个二维矩阵作为输出，不同卷积核产生的二维矩阵堆叠在一起，形成一个三维**张量**（tensor），构成了整个卷积层的输出，张量的每一层叫作一个通道（channel）。

卷积是一种常用的信号处理方法，图像的卷积操作是二维卷积运算的离散形式。一维卷积的连续形式在泛函分析中定义为两个函数的运算。一个函数 f 是待处理的信号（比如声波、图像等），一个函数 g 是卷积核，卷积 $(f * g)$ 是一个新的信号（也是一个函数）。卷积的结果相当于把函数 g 平移到各处，然后计算与函数 f 对应位置乘积的积分。卷积运算能够在输入信号上提取出与卷积核具有高度相关性的信号。

$$(f * g)(t) = \int_{-\infty}^{\infty} f(x)g(t-x)\mathrm{d}x$$

6.4.3　卷积处理图像的效果

杨立昆等人在 20 世纪 80 年代将卷积用神经网络实现，通过反向传播算法训练神经网络得到卷积核，用来识别手写数字[6]。

我们来看卷积在实际图像上的效果。我们用下面 4 个卷积核来处理该图像，这些卷积核可以分别检测纵向、横向和斜向的边缘。

$$\begin{bmatrix} -1 & 0 & 1 \\ -1 & 0 & 1 \\ -1 & 0 & 1 \end{bmatrix}, \begin{bmatrix} -1 & -1 & -1 \\ 0 & 0 & 0 \\ 1 & 1 & 1 \end{bmatrix}, \begin{bmatrix} 1 & -2 & -2 \\ 1 & 1 & -2 \\ 1 & 1 & 1 \end{bmatrix}, \begin{bmatrix} 1 & 1 & 1 \\ 1 & 1 & -2 \\ 1 & -2 & -2 \end{bmatrix}$$

由于卷积核中的正负值之和为 0，当作用于颜色较为均一的平滑区域时，卷积结果接近 0。然而，当局部图像的形状与卷积核的数值分布耦合的时候，卷积结果就会呈现出较大的绝对值。由于卷积核的数值分布有显著的方向性，因此图像中物体边缘区域产生的卷积结果具有较大的绝对值。如图 6.7 所示，使用红蓝色谱显示卷积结果，深红色和深蓝色分别表示绝对值较大的负值或者正值，绝对值接近 0 的值颜色较浅。卷积结果的深色部分显示出了与卷积核数值分布一致的方向性。可以想象，不同卷积核可以提取不同的图像局部特征，而且不限于局部边缘或者线条的方向特征。在多层神经网络中，将卷积核应用于前一层的卷积输出，可以提取出更加复杂的特征。

图 6.7　实际图像上 4 个不同的卷积核的输出（见彩插）

通过下面的示例代码可以了解卷积计算的具体过程。这里展示的是卷积的直接计算方法。在实际应用中，由于直接计算的方法比较耗时，通常采用快速傅里叶变换或者分段卷积的方式加快计算速度。

```python
import numpy
import matplotlib.pyplot as plt

# 读取图像，取3个颜色通道中的一个
img = plt.imread('彩色图片文件路径')
img = img[:,:,0]

# 准备卷积核
```

```python
kernels = [
    numpy.array([[-1,0,1],[-1,0,1],[-1,0,1]]),
    numpy.array([[-1,-1,-1],[0,0,0],[1,1,1]]),
    numpy.array([[1,-2,-2],[1,1,-2],[1,1,1]]),
    numpy.array([[1,1,1],[1,1,-2],[1,-2,-2]])]


# 绘制原图像和卷积结果
for i in range(5):
    plt.subplot(1, 5, i+1)
    # 绘制原图像
    if i == 0:
        plt.imshow(img, cmap=plt.cm.gray)
        plt.axis('off')
        continue
    # 计算卷积，当采用n×n的卷积核计算时
    # 在没有补齐的情况下，卷积结果比原图行列各少n-1
    # 简便起见，这里仅展示没有补齐的情况
    # 引入补齐后，边缘处的卷积也可以计算，卷积结果与原始尺寸相当
    kernel = kernels[i-1]
    conv = numpy.zeros((img.shape[0]-2,img.shape[1]-2))
    for x in range(conv.shape[1]):
        for y in range(conv.shape[0]):
            # 截取原图中对应位置与卷积核大小相同的块
            clip = img[y:y+3,x:x+3]
            # 图像块与卷积核对应元素相乘然后求和
            conv[y,x] = numpy.sum(clip * kernel)
    # 显示卷积结果
    plt.imshow(conv, cmap=plt.cm.RdBu)
    plt.axis('off')
```

6.4.4 简单细胞和复杂细胞的仿生学

从仿生学的角度看，卷积操作和视皮层神经元的信息处理过程有很多相似之处。诺贝尔生理学或医学奖获得者大卫·休伯尔（David Hubel）和托斯坦·威泽尔（Torsten Wiesel）在 20 世纪 60 年代对高等哺乳动物（猫和猴等）的视觉皮层神经机制进行了研究 [7]。他们在初级视皮层发现了两类神经元细胞，分别将其命名为简单细胞和复杂细胞。其中，简单细胞对感受野内的条状光斑刺激产生响应，而且偏好特定位置和方向的光斑。如图 6.8 所示，+ 表示感光兴奋区域，− 表示感光抑制区域，复杂细胞整合了多个相同朝向的简单细胞，对条状刺激的位置不敏感。

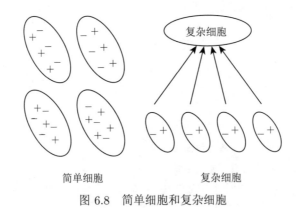

图 6.8 简单细胞和复杂细胞

神经元的感受野是光刺激对细胞的活动产生影响的视野区域，也就是单个神经元所能感知的视野范围。简单细胞的感受野中通常包含对光刺激的反应完全相反的平行区域，其中兴奋区域随着光照刺激增强使神经元更加活跃（放电频率增加），相反，抑制区域随着光照刺激增强使神经元受到抑制（放电频率减少）。对整个感受野施加均匀的弥散光照不会导致神经元产生响应，只有适当方向的条状光斑落入兴奋区域的时候才产生响应。前面所述的识别边缘方向的卷积核，实际上模拟了简单细胞的响应模式。从仿生学角度来说，卷积网络是人工神经网络对真实生物视觉神经系统的借鉴。

除了简单细胞之外，视皮层有另一类细胞，叫作复杂细胞。复杂细胞具有更大的感受野，与简单细胞类似，它们也对特定朝向的条状光斑敏感。不同之处在于，复杂细胞对光斑在感受野中的位置没有要求，也就是说，复杂细胞的感受野内并没有明确的感光兴奋区域或者抑制区域。休伯尔和威泽尔等人的研究认为，复杂细胞连接了若干具有相同敏感方向的简单细胞，将它们的输出进行整合，只要其中某个简单细胞产生响应，复杂细胞也会产生响应。

在神经网络中，我们用池化层（Pooling Layer）来模拟复杂细胞。图像信号经过卷积后，尺寸不会发生明显缩小。然而，我们需要将信息不断汇聚到更少的神经元，这样一方面能够使单个神经元感知更大的范围，另一方面也可以提取更加抽象的图像特征。池化层可以帮助我们对卷积层得到的信息进行整合和压缩。经过一个 $c \times c$ 的池化层，就相当于把每 $c \times c$ 个像素点压缩成 1 个像素点，信号数量就压缩到了 $1/(c \times c)$。压缩方法通常是选取最大值，因此也叫作 Max Pooling。经过若干组卷积、池化、卷积、池化这样的交替处理，我们就可以把图像信息逐渐抽象为维度较小的信号，然后用全连接层产生图像分类、物体识别、位置检测的结果。这个过程与生物视觉神经系统有很多相似之处。

6.5　循环神经网络

我们从多层感知机开始了解神经网络，看到了卷积层、池化层这些特殊的网络结构。到此为止，我们看到的都是**前馈神经网络**。神经网络的计算过程是朝着同一个方向逐层进行的，没有任何"回头路"。这个计算过程像一个"纯函数"，从输入映射到输出，没有任何副作用，也不存储或者记忆任何状态。真实的生物神经网络要复杂得多，神经连接并不总是从低层输出到高层，有的神经连接在同一层内平行展开，有的神经连接从高层向低层反向连接。我们把这些连接称作"反馈连接"，相当于把前馈网络的输出作为输入再次参与计算。具有反馈连接的网络是神经网络更加一般化的形式，**循环神经网络**就是一种能够描述反馈连接的神经网络模型。这里我们管中窥豹，不展开介绍。

前馈神经网络通常只能处理固定尺度的输入。即使处理不同尺寸的图像，也需要把图像经过缩放、补齐或者裁剪，调整到统一尺寸作为输入。然而，很多信息无法调整到固定的尺寸。比如，自然语言文本或者声音信号，都是任意长度的。而循环神经网络具有反馈连接，改变了神经网络的连接形式，神经网络就有了"记忆"，可以解决任意长度输入的问题。

为了理解循环神经网络的工作过程，我们考虑自己是如何阅读文字的。当我们看到或听到一个字词后，会把它暂时记在头脑中，随着不断听到新的字词，头脑中的记忆不断刷新，当完整听完一段话之后，我们会在头脑中产生一个综合的认知。因此，为了处理不定长度的信息，我们需要有一个内部记忆状态，通过不断接收输入来更新这个内部状态，这样，最终状态就可以蕴含整个输入信息序列。

循环神经网络就是这样一种具有状态的模型。我们可以从前馈神经网络来构造一个循环神经网络。假设前馈神经网络的输入/输出之间的关系是一个函数 f，在某个时刻 t，它的输出为 y_t。我们把 y_t 的全部或者一部分作为网络的记忆状态，让它留存到下一个时刻 $t+1$，使得内部状态和 $t+1$ 时刻的输入 x_{t+1} 都作为输入，用来产生 $t+1$ 时刻的输出。可以想象，y_{t+1} 实际上蕴含了 $x_1,\cdots,x_{t+1}$ 的全部信息。

$$y_{t+1} = f(x_{t+1}, y_t)$$

利用循环神经网络进行自然语言文本翻译的示意图，如图 6.9 所示。我们可以通过循环网络首先理解一句英文文本，整句话的理解被编码在神经网络的状态中。然后，这个状态可以通过神经网络展开为中文文本，从而实现翻译的过程。

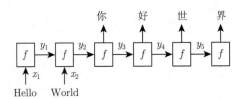

图 6.9　利用循环神经网络进行自然语言文本的翻译

6.6　使用 PyTorch 软件包

神经网络可以采用很多软件包实现，这些软件的功能各有千秋，然而它们的核心功能都是相似的。

第 1 个核心功能是支持**硬件加速计算**。计算机有限的算力是神经网络早期发展受阻的原因之一。很多实际问题需要神经网络有足够的规模和深度，仅仅采用 CPU 的计算能力，训练需要的时间将远远超出人们可以接受的程度。在神经网络的计算过程中，向量和矩阵运算出现的频率很高，这些运算在 CPU 上只能逐个元素依次串行计算，而在 GPU 上则可以进行批量并行计算，计算速度大幅提高。除了主流的 GPU 加速外，其他硬件计算单元也随着神经网络计算的需求应运而生，它们的目标就是用定制化的硬件加速神经网络的计算过程。比如，谷歌公司研发的张量计算单元（Tensor Processing Unit，TPU）。

第 2 个核心功能是提供**常用神经网络模块**。软件包能够帮助我们快速构建神经网络，这得益于神经网络计算单元的模块化。不同网络结构通常是有限的常用单元的组合，将常用单元模块化，构建神经网络的过程就变成了"搭积木"，我们只要选择合适的模块，调整参数，然后拼接组合，就可以实现复杂的网络结构。比如，卷积层、全连接层、池化层就是常用的神经网络模块，大部分软件包都提供这些模块。

第 3 个核心功能是实现**自动求导**。训练神经网络实际上就是利用梯度下降法求解模型参数的最优化问题。这个过程离不开计算损失函数的梯度，也就是求误差对模型参数的导数。早期的神经网络软件包侧重于神经网络的模块化，当我们需要利用基本运算和数学函数构建自定义的模块时，实现求导过程比前向计算困难得多。自动求导功能把我们从这个困境中解脱出来。当前主流的软件包能够把所有基本运算和函数都实现为可求导的，然后利用导数运算法则自动计算它们组合后的导数。

这里我们以 PyTorch [⊖] 为例介绍神经网络软件包。安装 PyTorch 可以采用下面的pip命令。在不同操作系统平台和 Python 环境中，如果需要 GPU 支持的加速计算，安装方式会稍有不同，读者应该参考官方网站上的文档，找到适合自己的安装方式。

```
pip3 install torch torchvision torchaudio
```

与大多数神经网络或者深度学习的软件包一样，PyTorch 的核心是帮助我们快速搭建神经网络模型。PyTorch 允许我们像操作 numpy 多维数组一样操作张量。张量可以

　　⊖　PyTorch 的主页：https://pytorch.org。

利用 GPU 的算力实现神经网络的加速计算。PyTorch 提供了张量的基本代数运算和一些常用的数学函数，同时实现了神经网络中常用的基本单元，比如卷积层、全连接层等。通常，我们可以组合这些基本单元来构造各种神经网络模型，我们也可以从基本运算和数学函数开始，实现自定义的神经网络单元。PyTorch 内置的张量计算和神经网络单元，都同时实现了前向（forward）计算过程和反向（backward）计算过程。前向过程用于神经网络计算输出结果，反向过程用来计算梯度。PyTorch 的自动求导模块（autograd）利用导数运算的规则将各种计算单元的反向计算过程组合起来，自动计算误差对于神经网络参数的导数，用于更新神经网络的参数。利用 PyTorch，我们可以专注于构建神经网络的前向计算过程，将求导计算交给 PyTorch 自动完成。

6.7　动手实践

6.7.1　识别手写数字

我们通过识别手写数字的例子看一下如何使用 PyTorch 搭建神经网络模型。识别手写数字是一个图像分类问题，这是一个可以用较小规模网络完成的问题，很适合作为新手实践项目。处理自然图片的任务通常需要更大规模的网络，网络的层数会大大增加，每一层的卷积核数量也会变得更多，这样的神经网络模型才能够描述和分辨自然图像中丰富而且复杂的特征，为数以千计的不同类别物体视觉特征提供具有足够表达力的中间表示。然而，这些网络的基本结构是相似的，处理图像的核心模块都是卷积层和全连接层。

实验采用 PyTorch 软件包附带的 MNIST 手写数字数据集 $^{\ominus}$。数据集中的手写数字图像是灰度图片，只有一个通道，尺寸是 28×28 像素。我们首先用一个卷积核尺寸为 3×3 的二维卷积层对它进行处理。假设这一层有 8 个卷积核，那么处理后的结果是 8 个 28×28 的通道。然后用 2×2 的池化层将数据降采样为 $14 \times 14 \times 8$ 个值。

下面开始第 2 个卷积层，这里我们会看到如何处理多通道的数据。其实，如果输入

$\ominus$ MNIST 数据集主页：http://yann.lecun.com/exdb/mnist。

图像是彩色的，在第 1 个卷积层就面临多通道数据了（比如 RGB 图像有 3 个通道的数据）。我们仍然采用 3×3 的卷积核，由于输入有 8 个通道，那么每个卷积核的权值数量就是 $3 \times 3 \times 8$。第 2 层卷积核数量通常要大于前一层，因为每个卷积核所表示的图像范围增大了，因此需要更多卷积核来表示更多不同的局部特征。这里使用了 16 个卷积核，再次经过 2×2 的池化层，得到了 $7 \times 7 \times 16$ 个输出值。

在全部卷积层结束之后，我们要用全连接层实现分类。为了确保能够处理非线性数据，采用两个全连接层。第 1 个全连接层有 64 个单元，它们每一个都有 $7 \times 7 \times 16$ 个输入，因此，这个全连接层有 $64 \times 7 \times 7 \times 16$ 个权值。第 2 个全连接层产生用于分类的输出，每个表示一个数字，因此有 10 个单元，这一层需要 640 个权值，如图 6.10 所示。

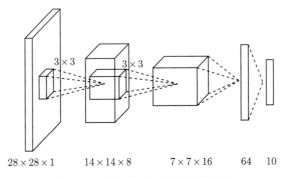

图 6.10　识别手写数字的卷积网络

下面我们用 PyTorch 构建上述网络。我们为它准备一个随机张量作为测试输入，检验网络计算过程是否正确。

```python
import torch
import torch.nn as nn
import torch.nn.functional as F


class MnistNet(nn.Module):
    def __init__(self):
        super(MnistNet, self).__init__()
        # 在构造函数中定义组成网络的各层模块
        # 首先定义第1个二维卷积层
```

```
        # 第1层具有1个输入通道，8个输出通道，也就是8个卷积核
        # 每个卷积核大小为3×3
        # 输入各边补齐1行（或列），以便输出尺寸与输入一致
        self.conv1 = nn.Conv2d(1, 8, kernel_size=3, padding=1)
        # 第2个卷积层承接上一层的输出，具有8个输入通道
        # 这一层有16个输出通道，即16个卷积核
        self.conv2 = nn.Conv2d(8, 16, kernel_size=3, padding=1)
        # 下面定义全连接层
        # 第1个全连接层承接卷积层的输出
        self.fc1 = nn.Linear(7×7×16, 64)
        # 第2个全连接层产生最终10个类别
        self.fc2 = nn.Linear(64, 10)
    def forward(self, x):
        # 每个卷积层使用ReLU激活函数
        # 并使用Max Pooling进行压缩
        x = F.max_pool2d(F.relu(self.conv1(x)), 2)
        x = F.max_pool2d(F.relu(self.conv2(x)), 2)
        # 将卷积层的输出拉平为长度为7×7×16的向量
        # 作为全连接层的输入
        x = x.view(-1, 7*7*16)
        x = F.relu(self.fc1(x))
        # 第2个全连接层不再使用激活函数
        # 直接用于Softmax分类以及交叉熵误差计算
        return self.fc2(x)


# 构造测试输入
# 输入总是包含一个批次的若干样本
# 第1维是样本编号，第2维是通道编号
# 第3、4维是图像的高度和宽度
# 下面的随机输入包含一个样本，一个通道
x = torch.rand((1, 1, 28, 28))
```

```
net = MnistNet()
y = net(x)
# 输出一个1×10的张量
print(y)
```

6.7.2　准备训练数据

　　下面，我们要准备训练数据。在实际的研究工作和工程实践中，这是很重要的环节，也往往需要大量工作投入。机器学习模型寻找数据中的统计规律，数据噪声越少、偏差越小，产生的模型就越准确。因此，我们要为数据集准备准确的标注（比如样本的类标签）。实际数据常常是不规则的、充满噪声的，甚至是有偏差的，比如各种类别的样本数量不均衡，图像有各种不同尺寸，样本标签有错误或者系统性偏差。这些情况都要在准备数据的阶段进行处理。

　　这里我们使用 PyTorch 软件包提供的数据集，大大简化了准备数据的工作。但是，我们仍然需要进行适当配置，比如，将图片读取为张量数据，将图片中的像素灰度值进行归一化，避免神经网络权值因为图片像素值大幅变化而产生扰动。

　　另外，我们通常将样本分批输入神经网络进行训练。每次训练一个样本不仅效率低下，而且不能产生正确的梯度信号。每个批次中应该包含各种不同类别的样本，避免出现"盲人摸象"的情况，使训练方向过于偏向某个类别的局部最优。同时，PyTorch 的数据加载器可以帮助我们将样本顺序打乱，防止样本顺序产生相关性，使训练过程陷入循环。

```
import torch
import torchvision

# 由于数据集是图片，需要将图片转化为张量
# 然后进行归一化，将像素值调整到适合训练的范围
# 下面的数据变换完成这两个操作
data_transform = torchvision.transforms.Compose([
    torchvision.transforms.ToTensor(),
    torchvision.transforms.Normalize(mean=[0.5], std=[0.5])])
```

```
# 下载MNIST数据集
# 将数据集保存在下面的路径中
data_path = 'data'
# 数据集包含训练集和测试集两部分数据
train_data = torchvision.datasets.MNIST('data', train=True,
    transform=data_transform, download=True)
test_data = torchvision.datasets.MNIST('data', train=False,
    transform=data_transform)


# 从数据集构造加载器
# 加载器每批次提取10个样本
# 乱序加载样本避免顺序相关性
train_loader = torch.utils.data.DataLoader(train_data, batch_size=10,
    shuffle=True)
test_loader = torch.utils.data.DataLoader(test_data, batch_size=10,
    shuffle=True)


# 实验一下，读取第一批样本，看加载器是否正常工作
train_input, labels = next(iter(train_loader))
print(train_input.shape)
# 输入的尺寸为10×1×28×28，包含10个样本
print(labels.shape)
# 目标输出的尺寸为10，包含10个标签
```

6.7.3　训练神经网络模型

下面，我们做训练前的最后准备工作。首先，检查是不是可以使用 GPU 设备进行加速计算。如果系统并没有装备 GPU，可以忽略这一步。如果装备了 GPU，则要把网络模型和训练数据都放置在 GPU 上进行计算。

然后，我们还要准备计算输出误差的损失函数和优化器。这是一个简单的分类问题，

可以直接使用交叉熵损失函数。对于更加复杂的回归问题或者复合型的问题，需要自定义计算误差的过程。对于优化器，这里我们使用最基本的随机梯度下降优化器。

```
# 开始训练之前，选择使用的计算设备
# 默认是CPU，如果检测到了GPU，那么可以使用GPU加速计算
device = torch.device("cuda:0" if torch.cuda.is_available() else "cpu")
print(device)


# 准备网络模型
net = MnistNet()
# 将网络模型放在计算设备上，如果使用CPU可以忽略这一步
net = net.to(device)
# 准备交叉熵损失函数
loss_func = torch.nn.CrossEntropyLoss()
# 准备随机梯度下降优化器，设置学习率为0.001
optimizer = torch.optim.SGD(net.parameters(), 0.001)
```

现在，我们可以开始训练模型了。MNIST 数据集包含 60 000 张训练图片和 10 000 张测试图片。在训练过程中，我们仅采用训练图片来计算误差和梯度信号，更新网络模型的权值。为什么不使用更多的图片进行训练呢？训练样本数量不是越多越好吗？更多的训练样本确实可以让模型学到更加有效的统计规律。但是，过度的优化仍然可能使模型陷入对训练样本的过拟合。我们需要一个信号，告诉我们训练可以到此为止，继续进行下去，在训练集上的误差也许还会进一步缩小，但是真实样本的分类准确度没有进一步上升的空间了，反而有可能会随着过拟合而下降。测试集（或者称作验证集）的作用就是为我们提供一个这样的信号。这些样本没有加入训练过程作为产生梯度信号的数据来源，它们是模型没有"见过"的"新"样本。模型在这些"新"样本上的分类性能，可以作为模型在真实样本空间中的泛化能力的估计，帮助我们观察模型是否还有提升空间，还是已经过拟合。

```
# 设置训练循环次数
epochs = 3
```

```
for i in range(epochs):
    # 枚举训练集中的数据
    for index, (train_input, labels) in enumerate(train_loader):
        # 将网络置于训练状态
        # 某些层在训练和测试时行为不同，比如批归一化层和Dropout层
        net.train(True)
        # 将数据放在计算设备上
        # 如果使用的是CPU，可以忽略这个步骤
        train_input = train_input.to(device)
        labels = labels.to(device)
        # 计算输出
        output = net(train_input)
        # 计算误差
        loss = loss_func(output, labels)
        # 清空优化器，计算梯度
        optimizer.zero_grad()
        loss.backward()
        # 用梯度优化模型
        optimizer.step()
        # 每训练一段时间观察测试误差
        # 如果观察到测试误差不再继续降低或者训练误差开始低于测试误差
        # 说明开始出现过拟合，应该停止训练
        if index % 1000 == 0:
            # 将网络置于测试状态
            net.train(False)
            test_input, test_labels = next(iter(test_loader))
            test_output = net(test_input)
            test_loss = loss_func(test_output, test_labels)
            # 输出训练误差和测试误差
            print('{0} 训练误差: {1:.4f} 测试误差: {2:.4f}'.format(
                index, loss.item(), test_loss.item()))
```

6.8   物体检测

到此为止，我们看到的学习问题是比较单纯的分类问题或者回归问题。我们现在用神经网络解决一个稍微复杂的问题：物体检测。在图像分类任务中，通常每幅输入图片仅包含一个物体，或者只有一个主要物体，位于图片中央，占据了图片的大部分位置。与图像分类不同，在物体检测任务中，图像可以包含更多物体，处在不同位置，具有不同尺寸和形状。物体检测任务的目标是识别图像中的物体的位置，用矩形框标注出物体的位置，同时给出物体的类别。

在传统方法中，物体识别可以拆分为两个步骤。第 1 步是从图像中识别局部特征，物体由局部特征组合构成。第 2 步是找到能够组合成物体的局部特征，判断它们所属的物体类别，进而确定物体的位置和大小。图像的局部特征通常是将局部图像颜色和梯度分布描述为向量，相似的纹理或者形状通常具有类似的分布。将物体描述为局部特征组合的方法大致可以分为两类，一类方法类似于自然语言处理中的"词袋模型"。词袋模型将句子和文章描述为单词出现的频率，忽略了单词之间的位置关系。我们也可以忽略局部特征之间的位置关系，将物体视为局部特征的无序组合。另一类方法则把位置关系作为约束条件，那么寻找能够构成物体的特征组合就变成了有约束的优化问题。

人们在使用神经网络解决物体检测问题的时候，最初也采取了分步的策略。由于神经网络已经解决图像分类问题，于是可以将图片的局部拿来进行分类。只要用分类器扫描整幅图像的各个位置，就可以找到物体并将它的类别识别出来。暴力扫描的方式显然是效率低下的，于是人们提出了各种算法来筛选可能存在物体的候选框，减少候选框的数量来提高算法的性能。另一种策略是单步的方法，也叫作端到端的方法，即将整幅图像直接作为输入，同时输出物体框和类别，没有中间步骤。两种方法各有千秋。分步方法通常具有更高的准确率，可以处理大量小物体，但是提取候选框的过程中无法利用物体类别信息，进行物体分类时无法利用图像其他位置的背景信息。端到端的单步方法实现起来更为直接，运行速度通常更快，在识别物体时能够利用整幅图像的背景信息，但是有时会漏掉一些数量较多的小物体。

6.8.1　YOLO 模型

这里，我们以 YOLO[8] 模型为例，看一下端到端的方法如何完成物体检测任务。YOLO 的全称是 You Only Look Once，也就是说，神经网络模型只"看"一次，就输出了物体检测的结果。我们知道，前馈神经网络的输出长度是固定的（带有反馈的循环神经网络确实可以产生不固定长度的输出，也可以用于物体检测任务，但是在这里不做介绍），然而图像中物体的数量是不确定的，如何把数量不确定的物体用固定长度的输出向量表示出来，这就是 YOLO 模型的关键。

模型的思路很朴素：将图像划分为大小相等的网格，每个网格负责输出中心点落在其中的物体框。假设物体类别数量为 K，那么，每个物体框可以用一个长度为 $5+K$ 的向量表示，即 $(t_x, t_y, t_w, t_h, c, p_1, p_2, \cdots, p_K)$。向量的前 4 个元素分别用来计算物体框中心坐标，以及物体框的尺寸；第 5 个元素用于表示物体框中是否识别出物体的置信度（confidence）；剩余 K 个元素表示物体属于各个类别的概率。如果将图片切割为 $S \times S$ 个网格，那么，神经网络最终的输出维度为 $S \times S \times (5+K)$。

实际物体框的形状并不是完全随机的，如果对图片数据库中的标记进行统计，可以发现，物体框总是接近一些"常见"的尺寸。通过对训练数据集中的物体框尺寸进行聚类，可以得到若干个最常见的物体框尺寸，其他物体框可以看作在这些常见物体框上进行"微调"的结果。我们把这些聚类得出的常见物体框称作先验物体框（prior）或者锚定物体框（anchor）。假设取 A 个先验物体框，那么，神经网络的输出维度应该为 $S \times S \times A \times (5+K)$，即每个网格输出 A 个物体框，分别基于先验物体框进行微调。

物体框的位置的计算方式如图 6.11 所示。设每个网格的长宽为单位 1，每个网格输出的前两维 (t_x, t_y) 经过 Sigmoid 函数之后，变成 $(0, 1)$ 之间的数值，用来表示物体中心距离网格左上角的偏移量，加上网格左上角的坐标 (c_x, c_y)，就得到了物体框中心点的坐标 $(b_x, b_y) = (c_x + \sigma(t_x), c_y + \sigma(t_y))$。对于物体框的尺寸，网格输出的第 3、4 维 (t_w, t_h) 经过指数函数，得到正实数值 (e^{t_w}, e^{t_h})，再乘以先验物体框尺寸 (p_w, p_h)，就得到了预测物体框的尺寸 $(b_w, b_h) = (p_w e^{t_w}, p_h e^{t_h})$。

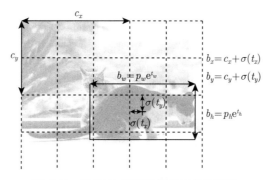

图 6.11　YOLO 模型将图片划分为网格

6.8.2　YOLO 模型的损失函数

在介绍网络结构前，我们先看 YOLO 如何计算神经网络输出的误差。YOLO 的损失函数分为 3 个部分，分别是物体框位置误差、识别物体的置信度误差和物体类别的误差。

物体框位置误差使用了朴素的均方误差，只在有物体的框中计算位置误差。我们用标记变量 $\mathbb{1}_i^{\mathrm{obj}}$ 表示编号为 i 的物体框中是否有物体，当有物体时该变量为 1，反之为 0。物体框位置的预测值用 $(\hat{x}_i, \hat{y}_i, \hat{w}_i, \hat{h}_i)$ 表示，真实物体框尺寸表示为 (x_i, y_i, w_i, h_i)。

$$L_{\mathrm{coord}} = \lambda_{\mathrm{coord}} \sum_i \mathbb{1}_i^{\mathrm{obj}} \left[(x_i - \hat{x}_i)^2 + (y_i - \hat{y}_i)^2 \right]$$
$$+ \lambda_{\mathrm{coord}} \sum_i \mathbb{1}_i^{\mathrm{obj}} \left[(\sqrt{w_i} - \sqrt{\hat{w}_i})^2 + (\sqrt{h_i} - \sqrt{\hat{h}_i})^2 \right]$$

其中，λ_{coord} 是用来调整位置误差所占比例的系数。

误差的第 2 部分是检测到物体的置信度误差。在实际图片中，有标记物体的网格单元数量要远少于没有物体的网格单元数量，这实际上是一个不平衡的二分类问题。为了改进平衡性，防止误差函数引导网络输出的置信度向 0 靠近，我们需要减弱没有物体的网格单元的误差惩罚。这是通过引入系数 λ_{noobj} 实现的，这个系数小于 1。下面是置信度误差 ⊖，其中 $\hat{c}_i$ 表示物体框 i 有物体的预测值，$\mathbb{1}_i^{\mathrm{noobj}} = 1 - \mathbb{1}_i^{\mathrm{obj}}$ 表示物体框 i 中没有物体的标记变量。

$$L_{\mathrm{confidence}} = -\sum_i \mathbb{1}_i^{\mathrm{obj}} \ln \hat{c}_i$$

⊖　YOLO 模型的第 1 版中采用了均方误差计算置信度的误差，后续版本中改为使用交叉熵损失函数。

$$-\sum_i \mathbb{1}_i^{\text{noobj}} \ln(1-\hat{c}_i)$$

第 3 部分是物体分类误差，其中，$p_{i,k}$ 是第 i 个物体框中的物体属于类别 k 的概率，为神经网络的 SoftMax 输出值，k_i 为物体框里面的物体的真实类标签。物体分类误差只在有物体的框中计算。

$$L_{\text{class}} = -\sum_i \mathbb{1}_i^{\text{obj}} \ln p_{i,k_i}$$

YOLO 模型最终的损失函数为上面 3 部分的和。

$$L_{\text{coord}} + L_{\text{confidence}} + L_{\text{class}}$$

6.8.3　缩微 YOLO 模型的网络结构

YOLO 模型的神经网络结构是一个以卷积为主的多层前馈神经网络。这里我们介绍一个缩微版本模型，这个模型叫作 YOLO v2 tiny [⊖]，它是使用 Pascal VOC 数据集 [⊖] 训练得到的，可以识别 20 个类别的不同物体。采用缩微版本，我们可以在 CPU 机器上快速实现物体识别，甚至可以使用 CPU 机器实现模型训练。Pascal VOC 数据集包含 10 000 多幅图片，图片中包含了 20 000 多个 20 个不同类别的物体。在该数据集上完整训练一轮，CPU 机器大约耗时十几个到几十个小时不等。而采用 GPU 则能够极大地加速训练过程，以几十倍的比例压缩训练时间。

网络的结构如表 6.3 所示。这个网络有 9 个卷积层，除了最后一个卷积层，每个卷积层后都增加了批归一化处理，用来加速训练过程，防止过拟合和梯度爆炸；激活函数采用了带泄露的修正线性单元（LeakyReLU），当卷积之后有池化层时，激活函数安排在池化层之后，对于没有池化层的卷积，激活函数直接作用于卷积层输出。

网络的前 8 个卷积层采用了大小为 3×3 的卷积核，较小的卷积核级联叠加，可以实现与较大的卷积核相似的效果，但是参数量较少，降低了模型的复杂度。比如，5×5

⊖ YOLO v2 tiny 模型配置文件下载地址：https://github.com/pjreddie/darknet/blob/master/cfg/yolov2-tiny-voc.cfg。

⊖ Pascal VOC 数据集主页：http://host.robots.ox.ac.uk:8080/pascal/VOC/index.html。

的卷积核，每个卷积核需要 25 个权值；如果采用两个 3×3 的卷积核级联处理，同样可以实现每个输出单元覆盖 5×5 范围内的输入，但是，卷积核的权值数量减少到 $2 \times 3 \times 3 = 18$ 个。压缩权值数量可以有效避免模型参数规模过度增长，从而加速训练过程，避免陷入过拟合。

表 6.3　YOLO 缩微模型的网络结构

各层模块	输入通道	输出通道	核尺寸	补齐	步长
第 1 层卷积	3	16	3	1	1
最大池化			2		2
第 2 层卷积	16	32	3	1	1
最大池化			2		2
第 3 层卷积	32	64	3	1	1
最大池化			2		2
第 4 层卷积	64	128	3	1	1
最大池化			2		2
第 5 层卷积	128	256	3	1	1
最大池化			2		2
第 6 层卷积	256	512	3	1	1
最大池化			2	(0,1)	1
第 7 层卷积	512	1024	3	1	1
第 8 层卷积	1024	1024	3	1	1
第 9 层卷积	1024	$A \times (5+K)$	1	0	1

为了保证卷积输出结果尺寸的确定性，卷积层都在输入的行列方向两侧各补齐一行（或者一列）数据。经过数据补齐，3×3 的卷积输出尺寸就不会发生变化，否则，每经过一次 3×3 卷积，行列数都会各减少 2，控制网络输出尺寸会变得更加复杂。因此，数据补齐是一个简化网络设计的小技巧。

卷积输出的尺寸不发生变化，只有通道数量不断增加。这是因为随着卷积和池化的不断级联叠加处理，每个神经元所感知的图像区域不断扩大，描述图像局部特征需要的容量（特征向量的长度）也相应增长。卷积结果从"通道"这个维度看，每个位置就是一个局部特征向量，向量长度就是通道的数量（即卷积核的数量）。因此，卷积层的输出通道数逐层加倍，从第 1 层到第 7 层，卷积层从 16 个输出通道增加到 1024 个输出通道。

数据的空间压缩过程由池化层完成。前 5 层卷积之后的最大池化层,采用 2×2 大小的核,以 2 为步长进行扫描,每经过一次这样的池化层,可以将数据长宽尺寸各缩小一半。这样 5 层过后,数据的尺寸缩小到原来的 1/32。后面的卷积层和池化层不再继续缩小数据尺寸,采取了步长为 1,配合补齐数据,保持了输出数据的尺寸。其中,第 6 层卷积之后的池化层只在行列方向单侧补齐一行或者一列数据,这样,对于步长为 1、尺寸为 2×2 的池化层,就可以保持输/入输出的尺寸相同。

网络最终输出的数据尺寸是原始输入的 1/32。举例来说,如果输入图像大小为 320×320 像素,那么,输出网格的数量则为 10×10。在实际训练过程中,训练图片被调整为 416×416 像素作为输入,产生 13×13 个网格。模型有 $A = 5$ 个先验物体框,所以,每个网格单元产生 5 个物体框,最终将产生 $13 \times 13 \times 5$ 个物体框。

值得注意的是最后一个卷积层,这一层卷积核大小为 1×1。这是一种特殊的卷积核尺寸,它不进行空间上的数据整合,而是在每个局部的"点"(也就是网格单元)的输入通道维度上进行数据整合。它可以看作输入通道维度上的"全连接层",用于产生每个网格单元的最终输出。当先验物体框数量为 A,物体类别数量为 K 时,每个网格单元的输出值数量为 $A \times (5 + K)$。由于 Pascal VOC 数据集中有 20 类物体,同时,模型聚类产生了 5 个先验物体框,因此,每个网格单元的输出长度为 $5 \times (5 + 20) = 125$。网络的最后一个卷积层的输出通道数就是 125。

6.8.4 实现缩微 YOLO 模型

下面我们用 PyTorch 实现缩微版本的 YOLO 模型。首先,定义模型类 TinyYolo-Network,在构造函数中定义先验物体框、物体类别数量和网络的各层单元模块。

- 激活函数 LeakyReLU 的第 1 个参数是输入小于 0 时的函数斜率,取 0.1。
- 池化层 MaxPool2d 是作用于图像的二维最大池化层,分别定义一个用于前 5 层的、步长为 2 的池化层,和一个用于第 6 层的、步长为 1 的池化层。
- 最后一个池化层前使用特殊的数据补齐 ReflectionPad2d,在行列方向的单侧各补齐一行或者一列数据。

- 批归一化层BatchNorm2d是作用于卷积输出的，在每个通道上独立进行归一化，所以参数是通道数量。
- 卷积层的参数分别是输入通道数量、输出通道数量、卷积核大小、卷积核扫描移动的步长（stride）、上下左右各方向上的数据补齐（padding）、是否采用偏置参数（bias）。由于前 8 个卷积层之后都有批归一化处理，所以不需要偏置参数，只有最后的第 9 层卷积需要偏置参数。

```python
import torch
import torch.nn as nn


# 缩微YOLO网络模型
class TinyYoloNetwork(nn.Module):
    def __init__(self):
        super(TinyYoloNetwork, self).__init__()
        # 从训练数据集中聚类得到的先验物体框尺寸
        # 这些是物体框最有可能的各种尺寸
        anchors = ((1.08,1.19), (3.42,4.41), (6.63,11.38), (9.42,5.11),
            (16.62,10.52))
        self.register_buffer("anchors", torch.tensor(anchors))
        # 物体类别数
        self.num_classes = 20
        # LeakyReLU作为激活函数，输入小于0时斜率为0.1
        self.relu = torch.nn.LeakyReLU(0.1, inplace=True)
        # 最大值池化层
        self.pool = torch.nn.MaxPool2d(2, stride=2)
        self.lastpool = torch.nn.MaxPool2d(2, 1)
        # 最后一个池化层之前的数据补齐
        self.pad = torch.nn.ReflectionPad2d((0, 1, 0, 1))
        # 批归一化层和卷积层
        self.norm1 = torch.nn.BatchNorm2d(16)
        self.conv1 = torch.nn.Conv2d(3, 16, 3, stride=1, padding=1,
```

```
            bias=False)
        self.norm2 = torch.nn.BatchNorm2d(32)
        self.conv2 = torch.nn.Conv2d(16, 32, 3, stride=1, padding=1,
            bias=False)
        self.norm3 = torch.nn.BatchNorm2d(64)
        self.conv3 = torch.nn.Conv2d(32, 64, 3, stride=1, padding=1,
            bias=False)
        self.norm4 = torch.nn.BatchNorm2d(128)
        self.conv4 = torch.nn.Conv2d(64, 128, 3, stride=1, padding=1,
            bias=False)
        self.norm5 = torch.nn.BatchNorm2d(256)
        self.conv5 = torch.nn.Conv2d(128, 256, 3, stride=1, padding=1,
            bias=False)
        self.norm6 = torch.nn.BatchNorm2d(512)
        self.conv6 = torch.nn.Conv2d(256, 512, 3, stride=1, padding=1,
            bias=False)
        self.norm7 = torch.nn.BatchNorm2d(1024)
        self.conv7 = torch.nn.Conv2d(512, 1024, 3, stride=1, padding=1,
            bias=False)
        self.norm8 = torch.nn.BatchNorm2d(1024)
        self.conv8 = torch.nn.Conv2d(1024, 1024, 3, stride=1, padding=1,
            bias=False)
        # 最后一个卷积层
        self.conv9 = torch.nn.Conv2d(1024,
            len(anchors) * (5 + self.num_classes), 1,
            stride=1, padding=0)
```

下面，我们定义模型的前向计算过程，该过程就是将各个模块连接在一起。在最后一层卷积之后，我们提前用到了一个后面给出定义的yolo函数，它的作用是从卷积网络的输出值计算出物体框和物体分类。

```
class TinyYoloNetwork(nn.Module):
```

```
……  # 此处省略前面列出的部分类定义
def forward(self, x, yolo=True):
    # 将各模块组织为神经网络
    x = self.relu(self.pool(self.norm1(self.conv1(x))))
    x = self.relu(self.pool(self.norm2(self.conv2(x))))
    x = self.relu(self.pool(self.norm3(self.conv3(x))))
    x = self.relu(self.pool(self.norm4(self.conv4(x))))
    x = self.relu(self.pool(self.norm5(self.conv5(x))))
    x = self.relu(self.lastpool(self.pad(self.norm6(self.conv6(x)))))
    x = self.relu(self.norm7(self.conv7(x)))
    x = self.relu(self.norm8(self.conv8(x)))
    x = self.conv9(x)
    # 从神经网络的输出计算物体框位置和物体类别
    return self.yolo(x)
```

现在，我们来定义yolo函数，将卷积层的输出结果转换为物体框的位置、检测到物体的置信度和分类结果。

每个网格单元的输出是对应于若干个先验物体框的输出连接在一起的。首先要把它们拆分开来，采用张量的view方法，输出通道被拆分为若干个物体框。每个物体框对应于一个先验物体框，利用张量的permute方法，调整各个维度的顺序，把先验物体框的编号和网格的编号调整到靠前的维度，使得最后一维表示物体框向量。

- 物体框的中心位置由向量的前两个数值表示，取 Sigmoid 函数后，加上网格左上角的坐标，就是物体框中心点相对于图像左上角的偏移量。此时的单位 1 长度是网格单元的尺寸，除以网格数量后，单位 1 长度归一化为输入图像的尺寸。
- 物体框的大小由向量的第 3、4 个值表示，取指数函数后，乘以先验物体框的尺寸，就得到了物体框的尺寸。与中心点位置类似，也进行归一化，将输入图像尺寸作为单位 1 长度。
- 检测到物体的置信度由向量的第 5 个值表示，取 Sigmoid 函数，就得到了置信度。
- 向量中剩余数值恰好等于物体类别数量，取softmax函数，计算各个类别的概率值。

该函数的参数 -1 表示在张量的最后一个维度上，也就是表示物体框的维度上进行计算。

```
class TinyYoloNetwork(nn.Module):
    …… # 此处省略前面列出的部分类定义
    def yolo(self, x):
        # 神经网络输出的结果形状如下：
        # 各维度依次是批次样本索引，输出通道，输出高度，输出宽度
        n_batch, n_channel, height, width = x.shape
        # 将输出通道拆分为若干先验物体框
        x = x.view(n_batch, self.anchors.shape[0], -1, height, width)
        # 重新调整各个维度的顺序如下
        # 样本索引，先验物体框编号，网格纵向和横向序号，物体框维度
        # 其中，位置及分类输出的维度尺寸是（5 + 类别数）
        x = x.permute(0, 1, 3, 4, 2)
        # 准备用于计算物体框位置的辅助张量
        # 首先是先验物体框的尺寸
        anchors = self.anchors.to(dtype=x.dtype, device=x.device)
        anchor_width, anchor_height = anchors[:, 0], anchors[:, 1]
        # 然后是网格的偏移量
        grid_y, grid_x = torch.meshgrid(
            torch.arange(height, dtype=x.dtype, device=x.device),
            torch.arange(width, dtype=x.dtype, device=x.device),
        )
        # 计算物体框位置和物体分类输出，最后一维各列分别是：
        # 中心位置坐标，物体框宽高，检测到物体的置信度，物体类别概率
        return torch.cat([
            (x[:,:,:,:,0:1].sigmoid()+grid_x[None,None,:,:,None])/width,
            (x[:,:,:,:,1:2].sigmoid()+grid_y[None,None,:,:,None])/height,
            (x[:,:,:,:,2:3].exp()*anchor_width[None,:,None,None,None]) / width,
            (x[:,:,:,:,3:4].exp()*anchor_height[None,:,None,None,None]) / height,
            x[:,:,:,:,4:5].sigmoid(),
```

```
        x[:,:,:,:,5:].softmax(-1),
    ], -1)
```

现在可以测试一下网络模型工作是否正常。我们填入一个 320×320 像素的随机图像作为输入，输出的网格数量为 10×10，每个网格单元的物体框数量为 5，每个物体框表示为长度 25 的向量。

```
x = torch.rand((1, 3, 320, 320))
net = TinyYoloNetwork()
y = net(x)
print(y.shape)
# 输出: torch.Size([1, 5, 10, 10, 25])
```

6.8.5　加载模型权值数据

YOLO 模型的作者提供了预训练好的模型权值文件 ⊖，我们可以直接加载权值文件，这样就省去了训练模型的过程。如果需要处理自己的数据集，可以在此基础上继续进行增量训练。与从头开始训练模型相比，这种方法可以极大地节省训练时间。

权值文件保存到文件的 numpy 数组中，可以使用 numpy 软件包读取文件中的数据。我们准备一个函数用来辅助数据加载的过程。这个函数的作用是从整段数据中截取一部分，存入模型的某个参数中。

```
# 读取权值的辅助函数
# 从weights中offset位置读取权值到target
def load_weight_to(weights, offset, target):
    n = target.numel()
    target.data[:] = torch.from_numpy(weights[offset : offset +
        n]).view_as(target.data)
    return offset + n
```

　⊖　YOLO 模型权值文件下载地址: https://pjreddie.com/media/files/yolov2-tiny-voc.weights。

在上面这个函数的帮助下，我们就可以读取整个网络模型的参数了。网络模型的参数在文件中是逐层存储的。文件的前 4 个值用于记录文件的版本号和训练的进度，可以忽略。文件剩余部分就是逐层记录的模型参数。这些参数分为两种，一种是卷积层的参数，另一种是批归一化层的参数。我们根据层的类型分别进行读取。

```python
import numpy

# 从文件加载训练好的网络权值
def load_weights(network, filename="yolov2-tiny-voc.weights"):
    with open(filename, "rb") as file:
        # 读取版本号和训练状态记录
        header = numpy.fromfile(file, count=4, dtype=numpy.int32)
        # 其余所有值都是网络权值
        weights = numpy.fromfile(file, dtype=numpy.float32)
        idx = 0
        for layer in network.children():
            # 读取卷积层权值
            if isinstance(layer, torch.nn.Conv2d):
                if layer.bias is not None:
                    idx = load_weight_to(weights, idx, layer.bias)
                idx = load_weight_to(weights, idx, layer.weight)
            # 读取批归一化层权值
            if isinstance(layer, torch.nn.BatchNorm2d):
                idx = load_weight_to(weights, idx, layer.bias)
                idx = load_weight_to(weights, idx, layer.weight)
                idx = load_weight_to(weights, idx, layer.running_mean)
                idx = load_weight_to(weights, idx, layer.running_var)

# 调用函数加载权值
load_weights(net)
```

6.8.6　处理真实图像

真实图像的尺寸千差万别，网络模型通常需要特定输入的图像尺寸。比如，上述 YOLO 模型需要图像的长度和宽度都是 32 的整倍数，每 32×32 个像素对应一个网格。而且，在模型训练阶段，输入图像都调整为一致的尺寸 416×416，在使用模型时，输入图像应该与训练图像采用一致或者相似的尺寸，这样才能取得较好的效果。这与我们自己的视觉能力是很相似的，我们习惯了物体在视野中的尺寸，当突然透过放大镜或者显微镜观察物体，就会觉得视野中的物体难以辨认；相反，辨别远处尺度缩小到非常细微的物体也是一件很困难的事情。神经网络使用怎样的数据训练的，就最擅长处理类似的数据。

下面，我们准备一个函数用来加载真实图像文件，并且对图像进行缩放和补齐，使得图像与我们期望的输入尺寸一致。这里使用 Pillow 软件包 ⊖ 读取图像。这是一个功能丰富的图像软件包，它的前身是 PIL（Python Image Library）。在使用这个软件包的时候，我们还能够从模块名字中看到它前辈的痕迹。

我们用 PyTorch 软件包中的 `torchvision` 视觉模块进行图像缩放、补齐操作，并将图像转化为网络模型可以接受的张量。

```python
import torchvision
from PIL import Image

def load_image(filename, width, height):
    img = Image.open(filename)
    scale = min(width / img.width, height / img.height)
    new_width, new_height = int(img.width * scale), int(img.height * scale)
    diff_width, diff_height = width - new_width, height - new_height
    padding = (diff_width // 2, diff_height // 2,
        diff_width // 2 + diff_width % 2,
        diff_height // 2 + diff_height % 2)
    transforms = torchvision.transforms.Compose([
```

⊖　软件包 Pillow 的主页：https://python-pillow.org。

```
    torchvision.transforms.Resize(size=(new_height, new_width)),
    torchvision.transforms.Pad(padding=padding),
    torchvision.transforms.ToTensor()])
# 用unsqueeze方法增加一维样本编号
# 网络模型是成批接受输入的
# 即使一批只有一个样本
return transforms(img).unsqueeze(0)
```

最后的准备工作是将网络模型的输出可视化。我们希望在可视化的输出中绘制物体框，显示物体类别的名字。下面是 VOC 数据集中的 20 个物体类别的名字。

```
class_labels = (
    "aeroplane", "bicycle", "bird", "boat", "bottle",
    "bus", "car", "cat", "chair", "cow",
    "diningtable", "dog", "horse", "motorbike", "person",
    "pottedplant", "sheep", "sofa", "train", "tvmonitor",
)
```

下面准备用来绘制物体框的函数。网络模型会产生大量物体框，以 320×320 像素的输入图像为例，网络会产生 100 个网格，每个网格产生 5 个物体框。显然，我们不能把所有 500 个物体框都绘制出来，这些物体框中，大部分的置信度都不高，我们要用阈值（threshold）过滤掉置信度不高的物体框。同时，我们希望物体类别的 softmax 输出也比较大，因此，过滤时比较的是置信度与 softmax 输出的乘积。我们把这个乘积值也显示出来，用来观察网络模型认为某处存在某种物体的概率的大小。

```
import matplotlib.pyplot as plt
import matplotlib.patches as patches

def show_images_with_boxes(input_tensor, output_tensor, class_labels, threshold):
    # 区分不同物体框的颜色表
    colors = ['r','g','b','y','c','m','k']
    to_img = torchvision.transforms.ToPILImage()
```

```
img = to_img(input_tensor[0])
# 显示图片
plt.imshow(img)
axis = plt.gca()
# 将网络输出提取为numpy数组
output = output_tensor[0].cpu().detach().numpy().reshape((-1, 5 +
    len(class_labels)))
classes = numpy.argmax(output[:,5:], axis=-1)
confidences = output[:,4] * numpy.max(output[:,5:], axis=-1)
# 将物体框调整到输入图片的尺寸
boxes = output[:,0:4]
boxes[:,0::2] *= img.width
boxes[:,1::2] *= img.height
boxes[:,0:2] -= boxes[:,2:4] / 2
# 逐个显示物体框
for box, confidence, class_id in zip(boxes, confidences, classes):
    # 忽略置信度较低的物体框
    if confidence < threshold: continue
    # 绘制物体框
    color = colors[class_id % len(colors)]
    rect = patches.Rectangle(box[0:2], box[2], box[3],
        linewidth=1, edgecolor=color, facecolor='none')
    axis.add_patch(rect)
    label = class_labels[class_id]
    label = '{0}{1:.2f}'.format(label, confidence)
    plt.text(box[0], box[1], label, color='w', backgroundcolor=color)
```

现在大功告成，我们可以把上面所有准备工作连接在一起，以真实图像文件为输入，检测图像中的物体。

```
net = TinyYoloNetwork()
load_weights(net)
```

```
imgs = load_image('test.jpg', 320, 320)
output_tensor = net(imgs)
show_images_with_boxes(imgs, output_tensor, class_labels, 0.3)
```

6.8.7 观察物体检测结果

如图 6.12 所示为模型在真实图像 ⊖ 上的物体检测效果。图片中有两只猫，相互略有遮挡，模型认出了两个猫。

a）置信度阈值取0.5   b）置信度阈值取0.3

图 6.12   在真实图片上的物体识别结果（见彩插）

图片的黑色边框是图像补齐的结果。在训练过程中，输入模型的图像都是经过补齐的，所以模型能够很好地适应这些黑色边界，并不影响模型的输出结果。事实上，当我们在训练过程中观察模型的中间结果时，可以发现，模型最先"学会"的就是"猜测"物体出现在画面中间，而不是旁边补齐的黑边位置。

当我们把物体框的置信度阈值稍微调低，可以看到更多物体框。从这个例子可以看出，模型并不能将猫和狗区分得非常清楚。这两个类别确实外观有很多相似之处，可见训练样本集中猫和狗的样本还不充分多，或者是模型太小，不足以完全表达猫和狗的外观区别。另外，我们可以看到有若干个位置相似的物体框套在同一个物体上，它们可能

_____

⊖ 这幅图片由作者拍摄于复旦大学光华楼下走廊。

来自相邻的网格单元，或者来自同一网格单元内不同的先验物体框。更加完善的处理是计算这些重叠物体框的重叠比例，当重叠比例超过一定阈值时，认为它们描述的是同一物体，选择其中置信度最高的物体框，忽略其他物体框。这个过程叫作最大值抑制，可以有效地过滤重复的物体框。

　　YOLO 模型在更多真实照片 ⊖ 上的结果如图 6.13 所示。

a）路边的车辆

b）蹲在地上的小猫

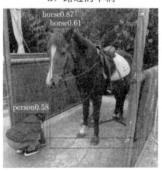
c）马和小朋友

d）停车场中的车辆

图 6.13　更多物体检测结果

参考文献

[1]　RUMELHART D E, HINTON G E,WILLIAMS R J. Learning internal representations by error propagation[R]. California Univ San Diego La Jolla Inst for Cognitive Science, 1985.

　　⊖　这些照片由作者拍摄于上海等地。

[2] RUMELHART D E, HINTON G E,WILLIAMS R J. Learning representations by back-propagating errors[J]. Nature,1986, 323(6088): 533-536.

[3] 寿天德. 视觉信息处理的脑机制 [M]. 上海：上海科技教育出版社, 1997.

[4] WEI H, DONG Z, WANG L. V4 shape features for contour representation and object detection[J]. Neural Networks, 2018(97): 46-61.

[5] KRIZHEVSKY A, SUTSKEVER I, HINTON G E. Imagenet classification with deep convolutional neural networks[J]. Communications of the ACM,2017,60(6):84-90.

[6] LECUN Y,BOSER B,DENKER J S, et al. Back-propagation applied to handwritten zip code recognition[J]. Neural computation, 1989,1(4):541-551.

[7] HUBEL D H,WIESEL T N. Receptive fields and functional architecture of monkey striate cortex[J]. The Journal of physiology,1968,195(1):215-243.

[8] REDMON J,DIVVALA S,GIRSHICK R,et al. You only look once: Unified, real-time object detection[C]. In Proceedings of the IEEE conference on computer vision and pattern recognition, 2016:779-788.

第 7 章

集 成 学 习

群体的智慧常常优于单个个体的决策。俗话说，"三个臭皮匠顶个诸葛亮""众人拾柴火焰高"，这就是集成学习的思路。单个模型的预测误差可能比较大，将若干个比较弱的模型组织在一起则可以减小误差，产生较强的预测模型。

7.1 随机森林

集成学习把若干个弱模型结合成为一个强模型。我们以决策树为例，来看单个决策树存在什么问题，再看看把多个决策树结合在一起之后，如何变得更强了。

决策树分类器有很多优点，思路非常直观，训练方法比较直接，执行速度快。然而，单个决策树非常容易过拟合训练数据。当我们尝试构造一个能够 100% 完美分类全部训练样本的决策树时，我们会发现，它在没有见过的真实样本上往往表现不佳，也就是说，其泛化能力不够好。为了准确分类全部训练样本，我们常常不得不构造一个非常庞大的决策树，虽然这样做所增加的计算量对于现代计算机来说不算什么，但是过大的树会导致一些其他问题。当我们观察接近末梢的节点时，就会发现落入这些节点的样本量比较小。根据概率统计的规律，当样本量小的时候，真实的规律往往呈现得不够明显，导致决策树算法可能选取错误的分支判定条件。特别是对于包含噪声的训练样本集，倘若某些样本标记错误，这些末端分支就会完美地拟合错误的标记，从而产生错误的分类结果。

对于单个决策树，解决问题的办法就是限制树的尺寸，避免把树分支得太深、太大。于是，人们提出了各种剪枝策略。当然，这些策略是行之有效的，保持节点和分支有足够的样本数据作为支持，通常能够使真实的统计规律浮现出来，同时忽略那些占比重不是很大的噪声。然而，剪枝的策略往往需要依靠经验，树的尺寸过小时，虽然避免了过拟合，但是有可能无法捕捉到全部分类依据；反之，树的尺寸过大时，过拟合的风险则会大大增加。有没有一种办法，能够在完美分类全部训练样本的同时避免过拟合呢？

何天琴（Tim Kan Ho）[1] 在 20 世纪 90 年代发表了随机森林算法，提出了既保证完美分类全部训练样本，又能够避免过拟合问题的解决方案。这个方法很朴素，就是构造多个不同的决策树，也就是"森林"，用它们的结果做多数投票，作为最终的决策结果。

如何利用同样的训练数据创建多个不同的决策树呢？有很多方法。然而在树和树间任意引入差异性并不能保证得到我们需要的树。我们希望这些树在训练集上有 100% 的准确率，但是泛化错误要尽量不同。随机化是引入分类器差异性的有力工具，因此这个算法叫作随机决策森林。对于维度较高的训练数据，何天琴创建森林的方法是随机选择特征空间的子空间。比如，训练样本有 m 个不同的特征，我们可以选取一个特征子集作为构建决策树的依据，这样总共有 2^m 种不同的选择方案，可以构造出 2^m 个决策树。当 m 比较大的时候，2^m 会很大，我们只需要选取其中非常有限的一些子空间来构建决策树。构建这些树的时候，要确保它们在训练样本上完全展开。这样每棵树都可以完美分类全部训练样本，它们组成的森林在投票时也可以完美分类全部训练样本，如图 7.1 所示。

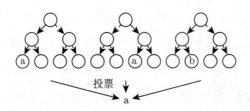

图 7.1   随机决策森林通过投票综合多个决策树的结果

　　当样本的特征维度不够大的时候，我们可以采用对样本集合重新采样的方式构造若干新的样本集合。这种方法也叫 Bagging。采样的方式是有放回地采样，即想象样本集合为一袋小球，每次随机取出一个小球记录其编号，然后放回，如此反复直到得到足够多的编号。我们把这些编号对应的样本作为一个新的样本集。值得注意的是，同一个小球可能会被重复取出，所以新样本集会有重复的样本。不过没有关系，在新样本集中它们会被视为不同样本（只不过恰好观测值完全一致）。这种方法确保了我们能够构造出很多个不同的新样本集，而且保证每个样本集都能达到我们想要的样本数量，同时跟原始样本集具有相同的样本分布。

　　多个决策树构成的决策森林通过投票的方式给出一个输入样本的分类结果。单个决策树实际上对样本空间进行了一个硬性的划分，每个叶节点表示样本空间中的一个区域，这个区域总是确定地属于同一类别。当采用多个不同的决策树时，每个决策树划分空间的方式都可能稍有不同，于是空间被细分为更多区域，而且不同决策树对每个不同区域可以有不同的分类。它们的投票结果实际上表示了该区域属于某个类别的概率。相比单个决策树，随机决策森林对样本空间的表示更加准确地表达了样本的概率分布，因此，它产生的结果更加稳定，在一定程度上解决了决策树的过拟合问题。这种方法也可以应用于除了决策树之外的其他分类器，我们可以选取某一种分类器作为"基分类器"，然后利用这种方法产生若干"基分类器"的实例，用它们投票的结果作为一个更强的分类器。

7.2　自适应增强算法 AdaBoost

　　在随机森林算法中，每个决策树对最终分类结果的投票所占比重是均等的。这些决策树之间也有可能存在强弱的差异，假若给投票赋予不同的权值，是不是有可能进一步提高结果呢？自适应增强算法（AdaBoost, Adaptive Boosting）就根据这样的思路给若干弱分类器加上权重，从而整合为强分类器。

7.2.1 弱分类器的迭代组合

我们从最基本的二分类问题来看 AdaBoost 算法（AdaBoost 也可以推广到多类别分类和回归问题，只要把问题转化为一系列是与否的二分问题即可）。假设有 N 个训练样本，$(x_1, y_1), \cdots, (x_N, y_N)$，其中 x 为输入特征，y 为类标签，$y \in \{0, 1\}$。我们把弱分类器记作 $h(x)$，它的输出范围是 $[0, 1]$ 之间的值，表示样本类别为 1 的概率。

AdaBoost 是一个迭代的算法（见算法 1），每次迭代产生一个弱分类器，每个弱分类器有不同的权重，最终的强分类器就是这些弱分类器的线性组合。

算法 1: 自适应增强算法 AdaBoost

---

1 初始化样本权值 $w_i^1 = D(i)$ 其中 $i = 1, \cdots, N$

2 **for** $t = 1, 2, \cdots, T$ **do**

3 $\quad$ 计算分布 $\boldsymbol{p}^t = \dfrac{\boldsymbol{w}^t}{\sum\limits_{i=1}^{N} w_i^t}$

4 $\quad$ 调用 **弱学习算法**，以 $\boldsymbol{p}^t$ 作为训练样本分布，学习弱分类器 h_t

5 $\quad$ 计算弱分类器 h_t 的误差 $\varepsilon_t = \sum\limits_{i=1}^{N} p_i^t |h_t(x_i) - y_i|$

6 $\quad$ 计算权值调整因子 $\beta_t = \varepsilon_t / (1 - \varepsilon_t)$

7 $\quad$ 更新样本权值 $w_i^{t+1} = w_i^t \beta_t^{1 - |h_t(x_i) - y_i|}$

8 **end**

9 输出 **强分类器**

$$
h_f(x) = \begin{cases} 1 & \text{如果} \sum\limits_{t=1}^{T} (\log 1/\beta_t) h_t(x) \geqslant \dfrac{1}{2} \sum\limits_{t=1}^{T} \log 1/\beta_t \\ 0 & \text{其他} \end{cases}
$$

所有的弱分类器都是用同样的学习算法来产生的，我们称之为"弱学习算法"。学习得到的弱分类器也叫作**基分类器**，是构成强分类器的基础。AdaBoost 常用决策树作为基分类器。与随机森林不同，随机森林中的每个决策树在训练集上几乎都是误差接近于 0，而泛化能力较差，因此这些决策树都通常是较大的树，可以通过对它们进行叠加

来提高泛化能力。AdaBoost 则通常采用较小的决策树作为基分类器，通常我们把树的深度限制为 1，也就是只有一个根分支，这样的决策树也叫"**决策树桩**"。这样的基分类器几乎完全没有过拟合的问题，但是通常在训练集上的误差比较大。后面我们会看到，AdaBoost 对于基分类器的误差几乎没有要求，只要稍稍好于随机猜测（误差小于 0.5），就能够保证得到较强的分类器。

下面是算法的核心问题，如何使每次迭代产生的弱分类器不一样呢？AdaBoost 采取的办法是调整训练样本的分布。设第 i 个训练样本在第 t 次迭代时的权重是 w_i^t，对权重进行归一化，就得到了样本分布 p^t。每次学习弱分类器的时候，都采用不同的分布，以得到不同的分类器。训练样本 i 的初始权值是 $D(i)$，这可以是训练集本身包含的权值信息，也可以是一个常数（即所有样本具有同样的权重）。

每次迭代时，根据当前弱分类器的分类结果调整样本权重，调整因子是 β，它取 $(0,1)$ 之间的值。算法将分类正确的样本权重乘以 β，以缩小后续训练中这些样本的比重，使得训练过程更加关注之前没有分类正确的样本。β 的取值根据当前弱分类器的训练误差 ε 得到，$\beta = \varepsilon/(1-\varepsilon)$。误差 ε 越小，则 β 越小，于是分配给错误分类样本的权值比例越大。由于 β 相当于错误分类样本和正确分类样本的权值和的比值，权值调整的过程实际上是重新分配了权值的比例，使得错误分类样本和正确分类样本的权值和相等，这就抹去了之前分类器的优势，尽可能地使新的分类器与之前的分类器相互独立。

同时，β 也决定了每个弱分类器在最终输出的强分类器中所占比重。弱分类器的最终投票权值是 $\log 1/\beta$，分类器误差越小，它在最终强分类器的输出中所占比重越大。

AdaBoost 在实际数据上的迭代过程如图 7.2 所示。我们选取了鸢尾花数据集中的两个花萼特征及两个输出类别进行展示。算法采用决策树桩作为基分类器，每次迭代产生一个新的决策树桩。每个决策树桩的分类边界都是一条平行于坐标轴的直线，因为它总是选取单一特征和单一阈值进行单次分支。在第 2 次迭代时，我们看到虽然决策边界发生了变化，但是没有两个决策边界合成的效果。这是因为两个决策树桩的权值不同，总有一个权值大一些，当只有两个决策树桩的时候，最终输出只能体现出权值较大的决策树桩的结果。从第 3 次迭代开始，可以看出 3 个决策边界合成的结果。随着迭代次数增加，合成的决策边界渐渐能够将两个类别区分开来。

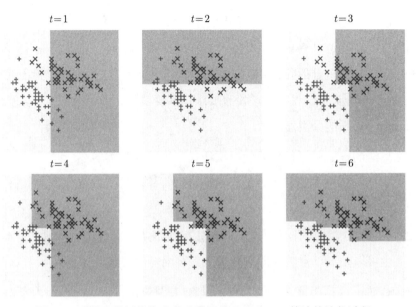

图 7.2　采用决策树桩作为基分类器的 AdaBoost 算法的迭代过程

相比于随机决策森林，AdaBoost 的基分类器是较为简单的分类器，这样的基分类器误差一般比较大，但是不存在泛化能力的缺陷。AdaBoost 所产生的强分类器常常能够避免过拟合，具有较好的泛化能力。

7.2.2　AdaBoost 算法的正确性

弗伦德（Yoav Freund）等人 [2] 在提出 AdaBoost 算法时证明，每次迭代产生的弱分类器只要稍好于随机猜测，就能够不断改进最终输出的强分类器的结果。证明过程充满了数学的巧妙思维，下面，我们来看这个复杂而精巧的证明过程。

首先要利用指数函数为凸函数的性质，对任意 $\alpha \geqslant 0$ 和任意 $r \in [0,1]$，得到下面的不等式：

$$\alpha^r \leqslant 1 - (1-\alpha)r$$

利用这个不等式，我们可以给算法每次迭代对样本权值和的改变确定一个边界。

$$\sum_{i=1}^{N} w_i^{t+1} = \sum_{i=1}^{N} w_i^t \beta_t^{1-|h_t(x_i)-y_i|}$$

$$\leqslant \sum_{i=1}^{N} w_i^t (1 - (1 - \beta_t)(1 - |h_t(x_i) - y_i|))$$

$$= \left(\sum_{i=1}^{N} w_i^t \right) (1 - (1 - \beta_t)(1 - \varepsilon_t))$$

反复使用这个结果，可以得到第 $T+1$ 次迭代时的样本权值和小于或等于一个连乘积。这样，就得到了一个上界，后面，会再得到一个下界。

$$\sum_{i=1}^{N} w_i^{T+1} \leqslant \prod_{t=1}^{T} (1 - (1 - \beta_t)(1 - \varepsilon_t))$$

另一方面，我们考虑 AdaBoost 最终得到的强分类器 h_f。假设它对第 i 个样本的分类是错误的，根据强分类器的定义，所有弱分类器的输出值的加权和与样本真实标签 y_i 间的距离一定大于 $1/2$，于是，我们可以依次导出下面的不等式（第 4 个不等式由第 3 个不等式取指数函数得到）：

$$\left| \frac{\sum\limits_{t=1}^{T} (\log 1/\beta_t) h_t(x_i)}{\sum\limits_{t=1}^{T} \log 1/\beta_t} - y_i \right| \geqslant \frac{1}{2}$$

$$\frac{\sum\limits_{t=1}^{T} (\log 1/\beta_t)|h_t(x_i) - y_i|}{\sum\limits_{t=1}^{T} \log 1/\beta_t} \geqslant \frac{1}{2}$$

$$\sum_{t=1}^{T} (-|h_t(x_i) - y_i|) \log \beta_t \geqslant -\frac{1}{2} \sum_{t=1}^{T} \log \beta_t$$

$$\prod_{t=1}^{T} \beta_t^{-|h_t(x_i) - y_i|} \geqslant \left(\prod_{t=1}^{T} \beta_t \right)^{-1/2}$$

由于 h_f 发生错误的样本是全部样本的子集，所以这部分样本的权值和要小于全部样本的权值和。利用这个不等关系，可以给第 $T+1$ 次迭代的样本权值和找一个下界。

$$\sum_{i=1}^{N} w_i^{T+1} \geqslant \sum_{i:h_f(x_i) \neq y_i} w_i^{T+1}$$

$$= \sum_{i:h_f(x_i) \neq y_i} \left(D(i) \prod_{t=1}^{T} \beta_t^{1-|h_t(x_i) - y_i|} \right)$$

$$\geqslant \left(\sum_{i:h_f(x_i)\neq y_i} D(i) \right) \left(\prod_{t=1}^{T} \beta_t \right)^{1/2}$$

我们注意到，上面不等式中 $\sum\limits_{i:h_f(x_i)\neq y_i} D(i)$ 就是 h_f 分类错误的样本的初始权值和，也就是最终输出的强分类器 h_f 的误差 ε。于是，我们得到下面的不等式：

$$\sum_{i=1}^{N} w_i^{T+1} \geqslant \varepsilon \cdot \left(\prod_{t=1}^{T} \beta_t \right)^{1/2}$$

由于上界要大于或等于下界，所以我们可以将两个含有 $\sum\limits_{i=1}^{N} w_i^{T+1}$ 的不等式连接起来，得到下面的不等式：

$$\varepsilon \cdot \left(\prod_{t=1}^{T} \beta_t \right)^{1/2} \leqslant \prod_{t=1}^{T} (1-(1-\beta_t)(1-\varepsilon_t))$$
$$\varepsilon \leqslant \prod_{t=1}^{T} \frac{1-(1-\beta_t)(1-\varepsilon_t)}{\sqrt{\beta_t}}$$
$$= \prod_{t=1}^{T} \left(\beta_t^{1/2}(1-\varepsilon_t) + \beta_t^{-1/2}\varepsilon_t \right)$$

现在，我们得到了强分类器 h_f 的误差 ε 的上界。到现在为止，我们仍然没有利用 β_t 和 ε_t 的关系。通过调整 β_t，我们可以取得误差上界的极小值。由于上述不等式右边的连乘积每一项都是大于零的，我们可以对每一项进行独立的优化，求取极小值。极小值在导数等于零的时候取得，取导数等于零，然后求解方程就得到了 $\beta_t = \varepsilon_t/(1-\varepsilon_t)$。这就是 AdaBoost 算法中计算权值调整因子的依据。

将 β_t 的取值代入不等式可以得到 ε 的上界。

$$\varepsilon \leqslant 2^T \prod_{t=1}^{T} \sqrt{\varepsilon_t(1-\varepsilon_t)}$$

从这个界可以看到，随着迭代次数的增加，算法的误差总是减小的，而且对弱学习算法得到的弱分类器误差没有任何要求，这个界并不取决于最优的弱分类器，而是与所有弱分类器的误差都相关，每一个弱分类器都可以做出贡献。

7.3 梯度提升算法

自适应增强算法 AdaBoost 是一种提升（Boosting）算法。**提升算法**，或者叫作增强算法，是以迭代的方式将若干弱模型组合为一个强模型，每一轮迭代产生一个"弱模型"，经过若干轮迭代之后，将弱模型进行加权融合，组成一个"强模型"。这就是提升算法的一般框架。梯度提升算法是另一种应用广泛的通用提升算法。

梯度提升算法[3]（Gradient Boosting）是梯度下降法（Gradient Desent Method）和提升算法（Boosting Algorithm）的结合。该算法将回归问题看作某种损失函数的优化问题，这是应用"梯度下降算法"的一般思路。

回归问题的目标是产生一个"预测模型"，预测模型可以看作一个函数映射，从给定的输入 $\boldsymbol{x}$ 产生一个输出 $F(\boldsymbol{x})$。在训练数据中，我们有一些已知的 $(\boldsymbol{x}, y)$ 组合，训练这个预测模型的目标就是缩小 $F(\boldsymbol{x})$ 和 y 的差距。这种差距可以有很多度量方式，比如，最小二乘法中使用的均方误差，逻辑斯蒂回归中使用的交叉熵损失函数等。我们可以抽象地把这种差距描述为函数 $L(F(\boldsymbol{x}), y)$，梯度提升算法的目标就是最小化这个函数的值，这样，我们就成功地把回归问题或者产生预测模型的问题，转换为一个函数优化问题。而对于函数优化问题，就可以采用梯度下降法来解决。

7.3.1 回顾梯度下降法

梯度下降法的优化对象通常是模型的参数变量，在梯度提升算法中，优化的对象是"弱模型"。弱模型本身是一个函数，因此，我们要从"变量空间"的梯度下降，迁移到"函数空间"的梯度下降。为此，我们首先观察"变量空间"中的梯度下降法。假设我们要计算使得 $L(\boldsymbol{x})$ 取得极小值的 $\boldsymbol{x}^*$。

$$\boldsymbol{x}^* = \arg\min_{\boldsymbol{x}} L(\boldsymbol{x})$$

首先，我们给 $\boldsymbol{x}$ 一个初始猜测 $\boldsymbol{x}_0$。然后计算在 $\boldsymbol{x} = \boldsymbol{x}_0$ 处 $L(\boldsymbol{x})$ 的梯度，然后朝着梯度相反的方向给 $\boldsymbol{x}_0$ 一个增量 $\Delta\boldsymbol{x}_1$，得到 $\boldsymbol{x}_1$，依次类推，在 $\boldsymbol{x} = \boldsymbol{x}_1$ 处计算 $L(\boldsymbol{x})$ 的梯度，在梯度相反的方向给 $\boldsymbol{x}_1$ 一个增量 $\Delta\boldsymbol{x}_2$，得到 $\boldsymbol{x}_2$，然后这样迭代下去。

在第 m 次迭代时，我们要计算如下的梯度 $\boldsymbol{g}_m$：

$$\boldsymbol{g}_m = \left\{ \left[\frac{\partial L(\boldsymbol{x})}{\partial \boldsymbol{x}} \right]_{\boldsymbol{x}=\boldsymbol{x}_{m-1}} \right\}$$

其中，$\boldsymbol{x}_{m-1}$ 是此前 $m-1$ 次迭代的增量累加的结果。为了表达简便，我们令 $\Delta \boldsymbol{x}_0 = \boldsymbol{x}_0$，则有

$$\boldsymbol{x}_{m-1} = \sum_{i=0}^{m-1} \Delta \boldsymbol{x}_i$$

每次迭代的增量都朝着梯度相反的方向。设第 m 次迭代的学习率为 ρ_m，那么，第 m 次的增量 $\Delta \boldsymbol{x}_m$ 如下：

$$\Delta \boldsymbol{x}_m = -\rho_m \boldsymbol{g}_m$$

这个学习率也是可以优化的，我们要根据损失函数找到每一步的最佳学习率。这相当于在梯度相反的方向上做一次线性搜索，找到使得损失函数极小化的点。

$$\rho_m = \arg\min_{\rho} L(\boldsymbol{x}_{m-1} - \rho \boldsymbol{g}_m)$$

以上就是对梯度下降法的一般性描述。我们看到，最终经过 M 次迭代，我们找到了一个能够极小化 $L(\boldsymbol{x})$ 的 $\boldsymbol{x}_M$，这个 $\boldsymbol{x}_M$ 实际上是若干个增量 $\Delta \boldsymbol{x}_m$ 的线性和，也就是若干个负梯度 $-\boldsymbol{g}_m$ 的加权线性和。

下面，我们要把变量 $\boldsymbol{x}$ 换成函数 F，也就是预测模型最终希望得到的"强模型"（强分类器或者回归模型）。这个强模型最终是若干个"弱模型"的加权融合，产生弱模型的弱学习器的学习目标，是在每一轮迭代中向损失函数 L 的梯度相反的方向前进一点。

7.3.2 梯度提升算法的一般描述

下面，我们要把梯度下降法中的变量 $\boldsymbol{x}$ 换成函数 $F(\boldsymbol{x})$。假设训练数据集是一个有限的集合 $\{(\boldsymbol{x}_1, y_1), \cdots, (\boldsymbol{x}_N, y_N)\}$，包含了 N 组输入/输出组合 $(\boldsymbol{x}_i, y_i)$。我们希望找到一个最优的函数 $F^*(\boldsymbol{x})$，使得损失函数 L 最小化。

$$F^* = \arg\min_{F} \sum_{i=1}^{N} L(F(\boldsymbol{x}_i), y_i)$$

我们从一个非常朴素的预测模型开始，这个模型的预测值是一个常数。如果误差函数 L 是均方误差，那么，这个预测值实际上就是训练集中 y_i 的平均值。对于任意误差函数 L，我们可以用下面更加一般化的形式描述这个初始模型的"粗糙"猜测 F_0。

$$F_0(\boldsymbol{x}) = \arg\min_{\rho} \sum_{i=1}^{N} L(\rho, y_i)$$

然后，开始迭代过程，这是一个类似于数学归纳法的过程。要从 F_0 得到 F_1，进而得到 F_2，依次类推，最终逼近 F^*。

假设已经有了 F_{m-1}，现在是第 m 次迭代。要计算误差函数 L 相对于预测模型输出 $F(\boldsymbol{x})$ 的偏导数，在每一个数据点 $\boldsymbol{x}_i$ 上计算偏导数的相反数，把这个结果记作 $\tilde{y}_i$。

$$\tilde{y}_i = -\left[\frac{\partial L(F(\boldsymbol{x}_i), y_i)}{\partial F(\boldsymbol{x}_i)}\right]_{F(\boldsymbol{x}) = F_{m-1}(\boldsymbol{x})}$$

这样，会得到 N 组 $(\boldsymbol{x}_i, \tilde{y}_i)$，它们构成了一个新的数据集。这个新的数据集是由误差函数的负梯度组成的，它代表了 F 改进的方向。我们要用一个弱学习器去学习如何改进。假设弱学习器是一个函数族 $h(\boldsymbol{x}; \boldsymbol{a})$，其中，$\boldsymbol{a}$ 是函数的参数，也就是弱学习器要学习的参数。

现在，要在数据集 $\{(\boldsymbol{x}_i, \tilde{y}_i)\}_{i=1}^{N}$ 上用弱学习器得到一个参数为 $\boldsymbol{a}_m$ 的弱预测模型 $h(\boldsymbol{x}; \boldsymbol{a}_m)$，它将会是最终的强模型的一部分。

下面，要决定这一轮得到的弱模型 $h(\boldsymbol{x}; \boldsymbol{a}_m)$ 在最终的模型中所占据的比例 ρ_m。这仍然是一个最优化问题，优化的目标依然是误差函数 L。

$$\rho_m = \arg\min_{\rho} \sum_{i=1}^{N} L(F_{m-1}(\boldsymbol{x}_i) + \rho h(\boldsymbol{x}_i; \boldsymbol{a}_m), y_i)$$

然后，就得到了改进后的 F_m，可以开始下一轮迭代，或者达到终止条件而结束迭代过程。

$$F_m(\boldsymbol{x}) = F_{m-1}(\boldsymbol{x}) + \rho_m h(\boldsymbol{x}; \boldsymbol{a}_m)$$

这就是一般化的梯度提升算法（见算法 2）。

算法 2: 梯度提升算法

1 建立初始模型 $F_0(\boldsymbol{x}) = \arg\min_\rho \sum_{i=1}^N L(\rho, y_i)$

2 for $m = 1, 2, \cdots, M$ **do**

3   对所有样本 $i = 1, \cdots, N$，计算梯度 $\tilde{y}_i = -\left[\dfrac{\partial L(F(\boldsymbol{x}_i), y_i)}{\partial F(\boldsymbol{x}_i)}\right]_{F(\boldsymbol{x}) = F_{m-1}(\boldsymbol{x})}$

4   在数据集 $\{(\boldsymbol{x}_i, \tilde{y}_i)\}_{i=1}^N$ 上，用弱学习器得到模型 $h(\boldsymbol{x}; \boldsymbol{a}_m)$

5   计算弱模型的最优权重 $\rho_m = \arg\min_\rho \sum_{i=1}^N L(F_{m-1}(\boldsymbol{x}_i) + \rho h(\boldsymbol{x}_i; \boldsymbol{a}_m), y_i)$

6   得到改进后的模型 $F_m(\boldsymbol{x}) = F_{m-1}(\boldsymbol{x}) + \rho_m h(\boldsymbol{x}; \boldsymbol{a}_m)$

7 end

7.3.3 均方误差的梯度提升算法

如果说上面的一般化描述过于抽象，那么，当我们将误差函数 L 替换为一些真实的误差后，能更加直观地理解梯度提升算法的意义。

这里，我们使用均方误差 $L(F, y) = (F - y)^2/2$，其中，除以 2 单纯是出于简化导数形式的考虑。均方误差的梯度计算如下，由于我们需要梯度的反方向（梯度下降），所以，这里取偏导数的相反数。

$$-\frac{\partial L}{\partial F} = y - F$$

值得注意的是，当采用均方误差的时候，初始模型输出的常数值是所有样本 y_i 的平均值。

$$\bar{y} = \frac{1}{N} \sum_{i=1}^N y_i = \arg\min_\rho \sum_{i=1}^N (y_i - \rho)^2$$

这里有一个有趣的比较：将均方误差与绝对误差 $L(F - y) = |F - y|$ 比较，就会发现，绝对误差的最优常数输出是 y_i 的中位数。中位数与平均值的差别在于其对噪声（离群点）的敏感度。离大多数值较远的噪声点会把平均值拉向噪声的方向，而对中位数则没有影响。

现在，把均方误差代入一般化的梯度提升算法（见算法 3）。

算法 3: 采用均方误差的梯度提升算法

---

1 建立初始模型 $F_0(\boldsymbol{x}) = \bar{y}$

2 for $m = 1, 2, \cdots, M$ **do**

3　　对所有样本 $i = 1, \cdots, N$，计算残差 $\tilde{y}_i = y_i - F_{m-1}(\boldsymbol{x}_i)$

4　　在数据集 $\{(\boldsymbol{x}_i, \tilde{y}_i)\}_{i=1}^N$ 上，用弱学习器得到模型 $h(\boldsymbol{x}; \boldsymbol{a}_m)$

5　　计算弱模型的最优权重 $\rho_m = \arg\min_\rho \sum_{i=1}^N L(F_{m-1}(\boldsymbol{x}_i) + \rho h(\boldsymbol{x}_i; \boldsymbol{a}_m), y_i)$

6　　得到改进后的模型 $F_m(\boldsymbol{x}) = F_{m-1}(\boldsymbol{x}) + \rho_m h(\boldsymbol{x}; \boldsymbol{a}_m)$

7 end

采用均方误差的梯度提升算法最主要的变化是，残差 $y_i - F_{m-1}(\boldsymbol{x}_i)$ 代替了之前的梯度计算。均方误差的梯度恰好是模型输出与真实目标输出之间的"残差"。实际上，我们是在"教"弱学习器从残差中学习，用这种方式不断逼近真实的目标输出。这是对梯度提升算法的一种直观理解。

7.4 偏差和方差

到此为止，我们看到了几种集成学习的方法，它们都能整合若干个较弱的模型，结合成为更强的模型。如何衡量模型的强弱呢？显然，我们不能只看它们在已知的训练数据上的表现。比如，我们可以构造出在训练数据上 100% 准确的决策树，但是它可能在未知数据上的表现不佳。模型最终要应用于实际的预测，所以，在未知数据上的预测准确度是我们的真正目标。

我们用一个射击打靶的比喻来看模型预测误差，如图 7.3 所示。假设不同的模型是不同的射击选手，他们所受的训练都是尽量命中靶心。优秀的射手能够稳定地命中靶心，他的弹着点总是集中分布在靶心位置附近，弹着点的平均位置离靶心很近，分散度也非常小。而有的射手表现不稳定，虽然弹着点平均位置也在靶心附近，但是分散度比较大。还有一些射手，也许由于枪具校准有问题或者瞄准动作错误，他们的弹着点虽然很集中，但是都偏离了靶心。而最差的射手则弹着点不仅分散，而且平均位置也不在靶心附近。

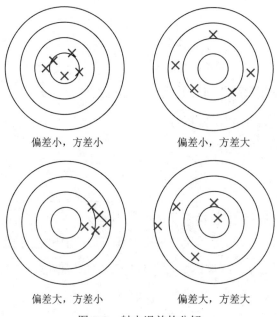

偏差小，方差小　　　　　　　　偏差小，方差大

偏差大，方差小　　　　　　　　偏差大，方差大

图 7.3　射击误差的分解

　　当我们考察射手的射击表现时，把射击误差分解为两个部分：偏差和方差。偏差是弹着点的平均位置离靶心的距离，而方差则度量了弹着点的分散程度。

　　对于算法模型，我们也能用相似的方式来衡量它在未知样本上的预测误差。假设我们希望预测的问题是一个函数关系 $y = f(x)$，x 是输入，y 是输出，比如对于图像识别，x 是图像，y 是图像中物体的类别。我们有一些训练样本 D，然后通过某个算法我们可以训练得到模型 $\hat{f}_D$，它在某个未知样本 x 上的误差是 $(y - \hat{f}_D(x))^2$。由于训练样本总是只能覆盖样本空间中极其有限的样本，而且采集训练样本的过程中难免有一些误差（噪声或者观测误差，比如标记错误的样本，模糊不清的图片等），因此，训练得到的模型总会不可避免地存在误差。采用不同的训练样本集 D，就会有不同的误差。衡量算法的效能应该是与 D 无关的，因此，我们用误差对所有可能的 D 的期望来衡量算法的预测误差，即采用不同训练集得到的不同模型的平均误差。

　　模型误差的期望可以分解为偏差（Bias）的平方、方差（Variance）和随机噪声（σ^2）的和。

$$\mathrm{E}_D[(y - \hat{f}_D(x))^2] = (\mathrm{Bias}_D)^2 + \mathrm{Var}_D + \sigma^2$$

其中，偏差是不同训练集得到的不同模型的预测结果的均值与样本的真实值之间的差异。

$$\mathrm{Bias}_D = \mathrm{E}_D[\hat{f}_D(x)] - f(x)$$

方差是不同模型对于同一未知样本的预测值的方差。

$$\mathrm{Var}_D = \mathrm{E}_D\left[\left(\mathrm{E}_D[\hat{f}_D(x)] - \hat{f}_D(x)\right)^2\right]$$

当模型的偏差比较大时，通常表示模型没有足够的表达力。无论采取怎样的训练样本进行训练，都不能使得模型拟合样本数据，模型的预测值与真实值有较大的差距。我们把这样的情况称为欠拟合。当模型的方差比较大时，模型的表达力足够强，能够很好地拟合所有训练样本，但是在未知样本上的预测非常不稳定。我们把这样的情况称为过拟合，如图 7.4 所示。这通常说明模型包含了超出真实问题的复杂度，过多的参数无法从有限的样本中获取充分的信息，这些参数就会自由摆动，从而扰动模型的预测结果，使模型表现得不稳定。

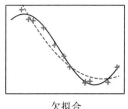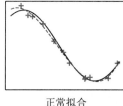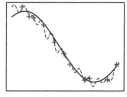

| 欠拟合 | 正常拟合 | 过拟合 |

图 7.4　欠拟合和过拟合，实线表示真实的模型，加号表示采集到的训练样本点，虚线是根据训练样本学习出的模型

不同的集成学习方法分别从偏差和方差的角度降低模型的预测误差。随机森林这类方法将若干方差较大的模型进行平均，降低了模型的方差。而 AdaBoost 这样的方法则将若干偏差大、方差小的模型进行加权叠加，以增强模型的表达力，减小模型的偏差。

7.5 动手实践

集成学习方法是一类非常健壮和普适的算法,在处理真实数据集上的分类和回归问题时,集成学习方法常常是我们的首选之一。在很多线上数据挖掘竞赛[○]中,集成学习方法也经常取得很好的成绩,在各种数据上表现出较为均衡的性能。

在这里,我们以入门数据集"泰坦尼克"[○]为例,看一下如何处理真实数据,应用集成学习算法。

7.5.1 使用 pandas 软件包处理数据

在处理数据时,我们用到了 Python 的数据分析利器 pandas 软件包 [○]。该软件包提供了丰富的数据处理、分析和可视化的功能。我们使用下面的命令安装软件包。

```
pip install pandas
```

泰坦尼克数据集中包含了泰坦尼克号的乘客信息,数据挖掘的任务是根据乘客信息预测乘客在海难中是否成功幸存。数据文件是 CSV 格式,即用逗号分隔的文本格式表格文件。pandas 软件包提供了read_csv方法读取数据。

```
import pandas

# 读取CSV格式的数据集
train = pandas.read_csv('data/titanic-train.csv')
test = pandas.read_csv('data/titanic-test.csv')

# 列出数据各列名字和类型
train.info()
```

○ 线上数据挖掘竞赛平台有很多,比较知名的如 Kaggle,主页: https://www.kaggle.com。
○ 泰坦尼克数据集地址: https://www.openml.org/d/40945。Kaggle网站上的泰坦尼克数据集练习地址: https://www.kaggle.com/c/titanic。
○ pandas 软件包的官方网站: https://pandas.pydata.org。

pandas 软件包将数据读取为DataFrame对象，该对象有很多方法用来操作数据，显示数据的统计信息。如表 7.1 所示，info方法可以显示出各列的元数据信息，包括列编号、名称、非空值数量、数据类型等。泰坦尼克数据集的训练集中包含了 12 列、891 行数据。第 1 列是乘客编号（Passenger Id），也就是数据编号。第 2 列是预测的目标结果，即乘客是否幸存（Survived）。其余各列是用于预测模型的输入信息，包括座舱级别（Pclass）、乘客姓名（Name）、性别（Sex）、年龄（Age）、兄弟姐妹及配偶数量（SibSp）、父母及子女数量（Parch）、船票号码（Ticket）、旅费（Fare）、客舱编号（Cabin）和登船港口（Embarked）。pandas 列出了各列的非空值（non-null）数量，可以看到，年龄、客舱编号和登船港口这 3 列的非空值数量小于数据总数，也就是说存在缺失值。在7.5.2 节中我们会看到对于缺失值的处理方法。

表 7.1　pandas 显示泰坦尼克数据集各列基本信息

#[①]	Column	Non-Null Count	Dtype
0	PassengerId	891 non-null	int64
1	Survived	891 non-null	int64
2	Pclass	891 non-null	int64
3	Name	891 non-null	object
4	Sex	891 non-null	object
5	Age	714 non-null	float64
6	SibSp	891 non-null	int64
7	Parch	891 non-null	int64
8	Ticket	891 non-null	object
9	Fare	891 non-null	float64
10	Cabin	204 non-null	object
11	Embarked	889 non-null	object

① 表示数据表的列编号，Column 是列名称，Non-Null Count 是非空数据量，Dtype 是数据类型。

DataFrame对象的describe 方法可以显示数值型数据的统计量，它们分别是数据的数量、均值、标准差、最小值、最大值，以及处在 25%、50%、75% 百分位的数值，生产的表格如表 7.2 所示。其中，50% 百分位的数值就是数据的中位数。这些统计量有助于我们了解数据的分布。我们也可以选择部分列观察它们的数据分布。

```
# 设置显示精度
pandas.set_option("display.precision", 2)


# 描述整个数据集的数值变量分布
```

```
train.describe()
# 选择显示部分列的数值分布
train[['Age','Fare']].describe()
# 显示字符串类型的数据分布
train.describe(include=['O'])
```

修改describe方法的参数，可以显示出非数值类型的数据统计信息。这些信息有助于我们理解字符串枚举值的分布。这些值通常是一个有限集合。该方法显示了乘客姓名、性别、船票号码、客舱编号和登船港口的统计信息，包含了各列的数据量（count）、枚举值的种类数（unique）、最高频的取值（top）和高频值出现的频次等信息（freq），如表 7.3 所示。结果显示，两种性别中男性（male）乘客稍多，登船港口分为 3 个，其中 S 港口最多，另外有 3 位乘客缺失该信息。同时可以看到，船票号码和客舱编号的取值较多，不适合直接作为模型的输入，对预测结果的贡献不大。

表 7.2　pandas 显示泰坦尼克数据集中数值类型数据的统计量

	PassengerId	Survived	Pclass	Age	SibSp	Parch	Fare
count	891.00	891.00	891.00	714.00	891.00	891.00	891.00
mean	446.00	0.38	2.31	29.70	0.52	0.38	32.20
std	257.35	0.49	0.84	14.53	1.10	0.81	49.69
min	1.00	0.00	1.00	0.42	0.00	0.00	0.00
25%	223.50	0.00	2.00	20.12	0.00	0.00	7.91
50%	446.00	0.00	3.00	28.00	0.00	0.00	14.45
75%	668.50	1.00	3.00	38.00	1.00	0.00	31.00
max	891.00	1.00	3.00	80.00	8.00	6.00	512.33

注：1. 该表格输出显示了数据表各列数值的统计量，其中 count 为数据量，mean 为数值均值，std 为标准差，min 为最小值，max 为最大值。

2. 为了展示数据分布，输出包含了各种百分位的样本数值，即数据从小到大排列后，处于 25%、50%、75% 位置的数值，其中 50% 分位的值就是中位数。

表 7.3　pandas 显示泰坦尼克数据集中字符串类型的数据分布

	Name	Sex	Ticket	Cabin	Embarked
count	891	891	891	204	889
unique	891	2	681	147	3
top	Davidson, Mr. Thornton	male	CA.2343	G6	S
freq	1	577	7	4	644

注：该表格输出了字符串类型数据的概况，count 表示数据量，unique 表示枚举值的种类数，top 表示最高频的取值，freq 表示高频值出现的频次。

pandas 软件包还提供了丰富的绘图功能, 比如, `DataFrame`对象的`hist` 方法可以绘制出数值分布的直方图。乘客年龄的直方图如图 7.5 所示。

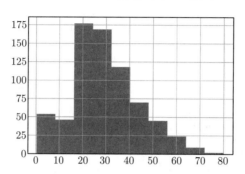

图 7.5　pandas 绘制的泰坦尼克数据集中的乘客年龄直方图

在这些功能的辅助下, 我们可以快速了解数据的基本情况, 对数据进行清理, 为训练模型做好准备工作。

7.5.2　使用集成学习算法

现在, 我们来用 pandas 准备训练数据。

首先要将字符串枚举值转换为数值表示。字符串序列提供了`get_dummies`方法, 可以将枚举值转换为独热（one-hot）表示的数值标志量。比如, 性别包含两种不同值（male, female）, 经过该方法, 性别数据转换为两列由 0、1 组成的数值, 其中一列在取值为 male 时等于 1, 另一列在取值为 female 时等于 1。类似地, 登船港口包含 3 种不同值（C, Q, S）, 转换为 3 列 0、1 数值, 这样, 3 个值中等于 1 对应的列就是该乘客的登船港口, 对于登船港口缺失的情况, 3 个值都为 0。

然后处理数值型数据的缺失值。`DataFrame`对象提供了`fillna`方法来填补缺失值, 这里我们采用中位数进行填补。在训练数据中, 年龄是有缺失值的。在测试数据中, 除了年龄外, 旅费一列也有缺失值, 因此, 我们对这两列都进行填补。

```
import numpy


def extract_input(df):
```

```
# 将枚举值转化为独热（one-hot）的多列数值
sex = df['Sex'].str.get_dummies().values
embark = df['Embarked'].str.get_dummies().values
# 用中位数填补缺失的数值
age = numpy.reshape(df['Age'].fillna(28).values, [-1, 1])
fare = numpy.reshape(df['Fare'].fillna(14.45).values, [-1, 1])
# 提取其他数据完整的数值类型
other = df[['Pclass', 'SibSp', 'Parch']].values
# 组织成训练数据
x = numpy.concatenate((sex, age, fare, embark, other), axis=1)
return x

X = extract_input(train)
Y = train['Survived'].values
```

我们采用 3 种不同的算法进行模型的训练和预测。这 3 种方法的实现都来自 scikit-learn 软件包，分别是随机森林算法、AdaBoost 算法和梯度提升算法。这些分类器模块采用决策树作为基分类器，其中，随机森林算法不限制决策树的深度，决策树数量上限默认值为 100；AdaBoost 算法采用深度限制为 1 的决策树桩作为基分类器，决策树数量上限默认值为 50，为了公平起见，我们将参数调整为 100；梯度提升算法采用深度限制为 3 的决策树作为基分类器，决策树数量上限默认值也是 100，采用逻辑斯蒂回归模型的误差函数。

```
from sklearn.ensemble import RandomForestClassifier
from sklearn.ensemble import AdaBoostClassifier
from sklearn.ensemble import GradientBoostingClassifier

classifiers = (
    ('随机森林', RandomForestClassifier(), 'test-result-rf.csv'),
    ('AdaBoost', AdaBoostClassifier(n_estimators=100),
        'test-result-adaboost.csv'),
```

```
    ('梯度提升算法', GradientBoostingClassifier(), 'test-result-gbt.csv'),
)

for (name, clf, result_name) in classifiers:
    clf.fit(X, Y)
    score = clf.score(X, Y)
    print('{0} 训练集准确度 {1:.3f}'.format(name, score))
    # 读取测试数据
    X_test = extract_input(test)
    # 进行预测
    Y_test = clf.predict(X_test)
    # 保存预测结果文件
    pid = test['PassengerId']
    result = pandas.DataFrame({'Survived', Y_test})
    result = pandas.concat([pid, result], axis=1)
    result.to_csv(result_name, index=False)
```

我们可以在训练结束后用模型的 score 方法观察在训练集上表现出的准确率。然后，将测试结果用 pandas 软件包的 to_csv 方法保存为文件，上传到竞赛网站上得到打分结果。

3 种算法的结果如表 7.4 所示。随机森林算法在训练集上的准确率非常高，这在情理之中。该算法没有限制单个决策树的深度，可以接近完全拟合训练数据（除非训练数据中确实存在决策树不可分的数据）。在测试集的结果上，梯度提升算法占有更大优势，而随机森林算法和 AdaBoost 算法不相上下。

表 7.4 不同算法在泰坦尼克数据集上的结果

算法	训练集准确率	测试集准确率
随机森林算法	**0.980**	0.756
AdaBoost 算法	0.846	0.754
梯度提升算法	0.897	**0.782**

参考文献

[1]　Ho T K . Random decision forests[C]// Document Analysis and Recognition, 1995. Proceedings of the Third International Conference on. IEEE Computer Society, 1995(1): 278-282.

[2]　FREUND Y , SCHAPIRE R E . A Decision-Theoretic Generalization of On-Line Learning and an Application to Boosting[J]. Journal of Computer and System Sciences, 1997, 55(1): 119-139.

[3]　FRIEDMAN J H. Greedy function approximation : A gradient boosting machine[J]. Annals of Statistics, 2001: 1189-1232.

第 **8** 章

聚 类 分 析

聚类分析是一类无监督的学习方法,能够帮助我们从样本中发现分布的规律,将样本聚集成若干个类别,有助于我们理解样本的相似度和差异性,将复杂的样本抽象为更容易理解和处理的类别。

8.1 有监督学习和无监督学习

此前我们看到的分类和回归问题都是有监督的学习问题。所谓有监督学习,就如同有老师指导学生学习的目标。在训练数据中,每个样本都有一个给定的标签或者目标值,举例来说,从花的形状预测花的种类这个分类任务,每个训练样本除了包含花的形状数据,还包含了该样本对应的花的种类。再如,从人像照片预测人物年龄这个回归问题,每个训练样本中既包含了人物照片,也包含了照片中人物的真实年龄。这些类标签或者目标值就是一种监督信号,提示了学习的方向。

对于聚类问题,这样的监督信号是缺失的,因此,聚类是无监督学习方法。对于没有标记花的种类的数据集,虽然无法得到一个模型以预测花的具体种类,但是我们仍然可以根据花的不同形状将数据进行归类,将形状相似的归为一类,将形状区别较大的分为不同类别。对于没有年龄标记的人像数据集,我们也可以根据样貌的相似程度进行分类，从而得到一些不同的类别，也许是年老的男人、年轻的女性、儿童、中年人等。这样的分类有很多作用，比如，当有监督的训练样本数量不够时，可以采用聚类的方法在无监督的样本中找到同一类别的样本，以实现训练样本的扩充。再如，购物网站在向用户推送产品信息时，也会根据用户的相似程度和产品相似程度，向用户推荐与其相似的用户喜欢的产品，或者推荐与用户关注的产品相似的产品。由此可见，当我们不知道样本数据的类别标签时，也可以从数据分布中发现规律，按照样本的相似度进行归类。这个过程相当于将样本映射到一个新的维度上进行抽象表示，增强了样本数据的可解释性，为后续分析提供了便利。

8.2　K 均值聚类

在众多聚类算法中，K 均值法（K-means）是较为经典的。该方法源自数字信号处理，最初是一种矢量量化方法。所谓量化，就是把连续的数值映射到一个较为有限的离散值的集合上。

举例来说，数字图像的采集和存储就是一种量化过程。自然界中的光是一种连续的信号，而且是一种矢量信号，它可以表示为原色的组合（红、绿、蓝），也可以表示为光的不同属性的组合（亮度、色相、饱和度）。但不论如何表示，在每一种维度上，光的变化都是连续的。然而，数字信号无法精确地表示连续的值。比如，如果一个像素采用 8 位来表示，就是所谓的 8 位色，那么实际能表示的颜色种类只有 $2^8 = 256$ 种。因此我们需要把一些相似的颜色映射到同一个离散数值上，也就是把连续的颜色所构成的多维空间划分成有限个区域，给每个区域赋予一个离散数值作为编号进行表示和存储。最朴素的方法是对空间进行均等的划分，但是这样表示的图像通常颜色非常粗糙失真。所以，对所有图像使用统一的均等划分，并不是表示图像的最优方案。通常，某一幅图片中使用的颜色只占据到了颜色空间的一小部分，最优的方案应该是针对每幅图片的颜色分布进行划分，这样就可以对使用较多的颜色进行更好的近似表示。于是人们发明了颜色表，比如，8 位色的颜色表就采用精度更高的方式记录 256 种颜色，每个 8 位二进制数不再表示固定的颜色值，而是作为一个索引，表示颜色表里存储的颜色值。聚类算法就是一种构造颜色表的方法，它把图像中所有像素的颜色作为样本点，将颜色相近的样本点聚为一个类别，类别的中心就是记入颜色表的颜色。

为了更加明显地展示聚类算法的量化效果，我们取一张真实照片将其中的所有颜色用 K 均值算法聚集成为 8 个类，将 8 个类中心点构建为颜色表。所有像素都根据到类中心的距离，近似为较近的类中心点所表示的颜色，这样每个像素只需要用 3 位来存储类中心的编号。图 8.1 显示了用聚类算法构造颜色表压缩图像表示的结果 ⊖。令人惊讶的是，8 种颜色几乎很好地还原了图像，虽然有细微的偏色，而且某些渐变区域还不够平滑，但是充分保留了很多细节。

a）原始图像　　　　　　　b）K 均值选取8种颜色压缩后的效果

图 8.1　利用 K 均值聚类算法构造的彩色图像（见彩插）

在 K 均值聚类的迭代过程中，类中心位置和每个样本的标签都不断变化，如图 8.2 所示。K 均值算法的实现并不复杂（见算法 4）。它是一个迭代方法，随机初始化类中心的位置，然后交替重复两个步骤，逐渐优化类中心的位置。我们把这两个步骤叫作分配步骤和更新步骤。

在**分配步骤**中，我们根据当前类中心的位置为所有样本分配一个类标签。这个步骤要计算样本点到每个类中心的距离，选取最近的类中心作为样本的类别。

在**更新步骤**中，根据各个类别的样本重新计算类中心的位置。新的类中心位置是属于该类别的样本的均值，这也是算法名字 K 均值的由来。

如此两个步骤交替反复，直到类中心的位置稳定。

⊖　照片由作者拍摄于复旦大学光华楼下。

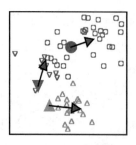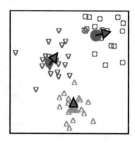

图 8.2　K 均值聚类的迭代过程（见彩插）

算法 4: K 均值聚类算法

1 随机初始化 k 个类中心 $m_i, i = 1, \cdots, k$

2 **repeat**

3　　**foreach** 对每个样本 $x_j, j = 1, \cdots, N$ **do**

4　　　　计算样本到各个类中心的距离 $D(x_j, m_i)$

5　　　　给样本 x_j 分配类别 $c_j = \arg\min_{i=1}^{k} D(x_j, m_i)$

6　　**end**

7　　**foreach** 对每个类别 $i = 1, \cdots, k$ **do**

8　　　　令 S_i 为类别 i 的样本集合 $S_i = \{x_j : i = c_j \forall j = 1, \cdots, N\}$

9　　　　用类别 i 的样本均值作为新的类中心 $m_i = \frac{1}{|S_i|} \sum_{x \in S_i} x$

10　　**end**

11 **until** 反复直到类中心稳定

12 输出类中心 $m_i, i = 1, \cdots, k$

8.3　距离的度量

在 K 均值算法中，需要计算样本点到类中心之间的距离。我们通常使用**欧氏距离**。在 n 维的欧几里得空间中，点 $x = (x_1, x_2, \cdots, x_n)$ 和点 $y = (y_1, y_2, \cdots, y_n)$ 的距离为 $D(x, y) = \sqrt{(x_1 - y_1)^2 + (x_2 - y_2)^2 + \cdots + (x_n - y_n)^2}$。

除了欧氏距离，在聚类算法中还有若干种其他距离度量方式也常常被用到，比如，曼哈顿距离和余弦距离。

曼哈顿距离来源于曼哈顿的出租车里程计算方式。曼哈顿的街道如同棋盘网格一样横纵相互垂直，两个点的距离就是在垂直两个方向上走过的距离之和。推广到多维空间，两个点的距离就是各个维度上的距离之和。点 $x = (x_1, x_2, \cdots, x_n)$ 和点 $y = (y_1, y_2, \cdots, y_n)$ 的曼哈顿距离为 $D(x, y) = |x_1 - y_1| + |x_2 - y_2| + \cdots + |x_n - y_n|$。

余弦距离常常用于高维正空间。它把两个点看作从原点发出的向量，用向量的夹角的余弦值作为距离度量。在正空间中，余弦距离总是在 $[0, 1]$ 区间内，而不受到维度增加的影响。它常常用在文本的分析中，一篇文档可以表示为一个词频向量，向量中的值是某个词汇出现的频率。词频向量的长度等于词汇表的大小，因此通常维度较高，而余弦距离就非常适合衡量这种高维向量的相似度。点 $x = (x_1, x_2, \cdots, x_n)$ 和点 $y = (y_1, y_2, \cdots, y_n)$ 的余弦距离为 $D(x, y) = (\sum\limits_{i=1}^{n} x_i y_i) / \left(\sqrt{\sum\limits_{i=1}^{n} x_i^2} \cdot \sqrt{\sum\limits_{i=1}^{n} y_i^2} \right)$。

8.4　期望最大化算法

K 均值算法实际上是期望最大化方法（Expectation-Maximization，EM）[1] 的一个应用。EM 算法是一种寻找模型参数的最大似然估计的方法，用于处理不完整的观测数据。聚类问题的样本就是一种不完整的观测数据，我们只观测到了样本点，而不知道样本点对应的类别。EM 算法把未观测部分的数据称为隐变量，聚类问题中的隐变量就是样本的类标签。我们假设每个类别的样本都服从一个概率分布，分布参数就是我们需要估计的模型参数。K 均值聚类所假设的样本分布可以看作标准正态分布，类别之间的区别只有分布的中心点不同，分布中心点就是可变的模型参数。

EM 算法分为 E 步骤和 M 步骤。E 步骤，也就是期望步骤（expectation step），根据当前模型参数求取隐变量的期望，这样就得到了"完整"数据（实际上是对完整数据的一种统计估计）。M 步骤，也就是最大化步骤（maximization step），利用"完整"数据对模型的参数重新进行最大似然估计。两个步骤交替重复，模型的参数就逐渐逼近了真实值。

下面我们对 EM 算法进行一般化的定义。设观测到的样本为 $\boldsymbol{X}$，未观测到的隐变量为 $\boldsymbol{Z}$，模型的参数为 Θ，也就是说，样本分布的概率为 $P(\boldsymbol{X}, \boldsymbol{Z}|\Theta)$。假设在算法的第 t 次迭代时，参数为 $\Theta^{(t)}$。

E 步骤： 根据当前模型参数 $\Theta^{(t)}$ 推测隐变量 $\boldsymbol{Z}$ 的分布 $P(\boldsymbol{Z}|\boldsymbol{X}, \Theta^{(t)})$，在此分布下求似然函数 $L(\Theta|\boldsymbol{X}, \boldsymbol{Z})$ 对 $\boldsymbol{Z}$ 的期望。这一步得到的函数 Q 与似然函数一样是 Θ 的函数。

$$
\begin{aligned}
Q(\Theta|\Theta^{(t)}) &= \mathrm{E}_{\boldsymbol{Z}|\boldsymbol{X}, \Theta^{(t)}}\left[L(\Theta|\boldsymbol{X}, \boldsymbol{Z})\right] \\
&= \sum_{\boldsymbol{Z}} P(\boldsymbol{Z}|\boldsymbol{X}, \Theta^{(t)}) \ln P(\boldsymbol{X}, \boldsymbol{Z}|\Theta)
\end{aligned}
$$

M 步骤： 寻求参数的最大似然估计，将参数取值更新为 $\Theta^{(t+1)}$。

$$
\Theta^{(t+1)} = \arg\max_{\Theta} Q(\Theta|\Theta^{(t)})
$$

8.5　高斯混合模型

通过 K 均值算法背后的 EM 算法，我们知道 K 均值聚类实际上假设了所有类别的分布都是相同的分布，且分布具有各向同性、中心对称的特征，概率密度从中心到外围递减，各类别之间除了中心的位置不同之外没有差异。由于正态分布符合这样的要求，我们可以认为 K 均值算法隐含了所有类别都是标准正态分布的假设。因此，K 均值算法得到的类通常都是球形的，且倾向于划分出大小相似的类。如果各个类别不是标准正态分布，比如倾斜变形的分布、密度不同的分布，那么 K 均值算法就无法取得很好的效果，如图 8.3 所示。

解决这类问题的办法是让假设的概率分布能够拟合样本数据。既然真实数据并非标准分布，那么采用标准分布就无法很好地拟合数据。因此，我们需要在分布中引入更多可变参数。一个任意多维正态分布（也就是高斯分布）包含两个参数，除了 K 均值算法使用到的均值 $\boldsymbol{\mu}$ 之外，还有协方差矩阵 $\boldsymbol{\Sigma}$。下面是多维正态分布的概率密度

函数:

$$f_{\boldsymbol{X}}(x_1,\cdots,x_k) = \frac{\exp\left(-\dfrac{1}{2}(\boldsymbol{x}-\boldsymbol{\mu})^{\mathrm{T}}\boldsymbol{\Sigma}^{-1}(\boldsymbol{x}-\boldsymbol{\mu})\right)}{\sqrt{(2\pi)^k|\boldsymbol{\Sigma}|}}$$

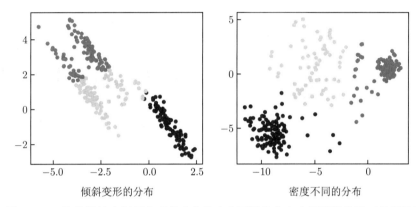

倾斜变形的分布　　　　　　　　　密度不同的分布

图 8.3　K 均值算法在倾斜变形的分布及密度不同的分布上的聚类效果（见彩插）

　　均值影响分布中心的位置，而协方差就如同一维正态分布中的方差，可以调整分布在各个轴向上的密度，还可以调整分布的偏斜变形的方向。引入这样任意的多维正态分布后，我们就可以用 EM 算法进行聚类了。算法假设样本来自数个不同的正态分布，样本观测值实际上是若干个分布混合在一起的结果。由于正态分布也叫作高斯分布，因此，这个模型叫作高斯混合模型（Guassian Mixture Model，GMM）。

　　求解高斯混合模型的过程与 K 均值算法类似，区别在于每个类别表示为一个高斯分布。当估计样本属于哪个类别时，要看在哪个分布下的概率更高；而估计模型参数时，不仅要计算样本均值，还要估计协方差矩阵。

　　对前面 K 均值算法没有很好处理的数据，我们用高斯混合模型进行聚类。聚类结果符合我们的预期，如图 8.4 所示。我们用椭圆形可视化了二维协方差矩阵的效果，可以看出概率分布适应了倾斜变形及密度变化等不同的分布数据。

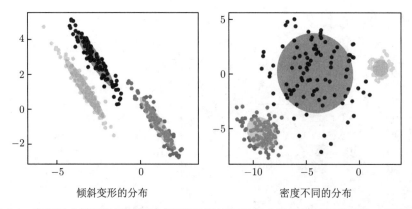

图 8.4　高斯混合模型能够对倾斜变形及密度不同的分布数据进行正确聚类（见彩插）

8.6　DBSCAN 算法

K 均值算法和高斯混合模型都对数据分布做出了隐含假设，不符合假设的数据就无法被正确处理。而且，类别的数量也不能自动从数据中分析出来，而需要人为指定。我们通常把这一类算法称为基于中心或者分布的聚类方法。

除此之外，有一些算法采用了基于连通性和密度的方法进行聚类，即使数据分布不服从任何预设的分布函数族，也能够进行聚类，而且不需要人为指定类别的数量。DBSCAN 算法[2] 就是这样一种聚类算法，它的全称是"基于密度的空间聚类应用于有噪声的数据"（Density-based spatial clustering of applications with noise）。

DBSCAN 算法将数据点分为核心点、可达点和局外点，如图 8.5 所示。这里需要两个算法参数 ε 和 minPts。图中每个点周围的圆圈显示了 ε 邻域的范围，核心点的 minPts 数量为 3。

- 如果一个样本点周围以 ε 为半径的邻域内至少有 minPts 个样本点，那么这个点就是**核心点**。
- 核心点到 ε 邻域内的点是**直接密度可达**的。
- 如果有一条链路 $p_1, p_2, \cdots, p_n$，其中，p_1 到 p_{n-1} 都是核心点，而且 p_i 到 p_{i+1} 是直接可达的，那么，我们认为 p_1 到 p_n 是**间接密度可达**的。间接可达的点通常位于类的边缘。

- 从一个核心点直接或者间接密度可达的所有点构成一个类。

- 如果一个非核心点不与任何核心点有可达关系，这个点称为**局外点**，被视为噪声。

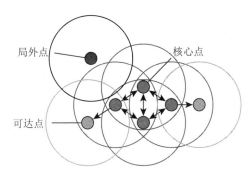

图 8.5   DBSCAN 算法中的核心点、可达点和局外点（见彩插）

从上面的定义也就得到了聚类的算法：遍历每一个样本，找到核心点，然后从核心点出发找到可达关系构成的连通分支，一个连通分支就形成一个类。不属于任何核心点的连通分支的点就是噪声。可见，DBSCAN 不需要预先知道聚类的个数，还可以自动发现数据中的噪声点。由于算法是基于数据密度的，虽然可以识别出各种未知形态的聚类，但是参数的选择与样本点的密度有密切关系。当样本的密度变化较大时，固定的参数就无法很好地做出平衡的选择，因此无法处理同一个数据集中数据分布密度在各处差异较大的情况。

比较 K 均值、DBSCAN 和高斯混合模型（GMM）的聚类效果如图 8.6 所示。由上至下分别使用了环形数据、月牙形数据、不同密度的分布、倾斜变形的分布、均匀分布的数据，黑色点为 DBSCAN 识别的噪声。可以明显看到，在不规则形状的类上，K 均值和高斯混合模型表现不好，但是 DBSCAN 可以正确聚类。而在数据密度变化较大时，DBSCAN 会识别出大量噪声点。

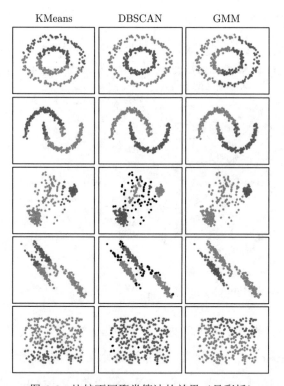

图 8.6　比较不同聚类算法的效果（见彩插）

8.7　SOM 神经网络

前面所述的聚类算法主要是**离线算法**。离线算法需要利用全部数据集进行计算，比如，决策树就需要分析整个数据集寻找最优分支，K 均值算法也需要利用整个数据集来估计类中心位置。而**在线算法**与之相反，它可以进行增量式的学习。在已有模型的基础上，根据一部分数据，甚至单个样本，进行增量学习，稍微改进模型以适应新的数据。神经网络通常都是可以增量学习的在线算法。

这里我们看一种可以进行增量学习的在线聚类算法——自组织映射神经网络（Self-Organizing Map，SOM）。

SOM 神经网络学习的目标是使得每个神经元能够代表样本空间的一部分，这样就可以将样本空间映射为一组神经元。作为聚类算法，每个神经元就是一个类别。

网络将神经元组织为一维线性序列，或者二维网格。在学习的过程中，神经元序列或者神经元网格会从最初的无序状态渐渐伸展开来，试图散布到样本数据出现的空间位置。同时，神经元也会保持序列或网格的拓扑结构，因此，SOM 网络也可以用于将较高纬度的数据映射到一维或者二维空间。

如图 8.7 所示是 8 个神经元的一维 SOM 网络和 4×4 个神经元的二维 SOM 网络在一组数据点上训练的结果。t 显示了训练的次数，随着训练次数的增加，网络逐渐展开到数据所在的空间，但是仍然保持了网络的拓扑结构。

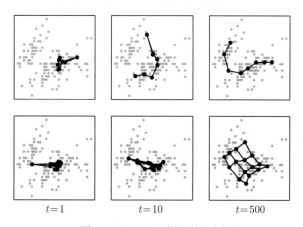

$$t=1 \qquad t=10 \qquad t=500$$

图 8.7　SOM 网络训练示例

SOM 神经元的权重就是类中心的位置，而神经元数量就是聚类的个数。当我们向网络输入一个样本的时候，只有一个神经元能够被激活，我们将这种机制称为"竞争"。竞争获胜的神经元是权重与样本的欧氏距离最小的神经元。

竞争获胜的神经元权值会根据某个学习率 α 向输入样本逼近。同时，该获胜神经元周围的神经元也会以一个比率向输入样本靠近，这个比率由邻域函数 Θ 控制。一般来说，神经元与获胜神经元越近，邻域函数的值越大。这样的设计使得神经元在序列或者网格中的拓扑关系得以保持。

下面是权值更新的计算方法。其中，$w_i^{(t)}$ 是神经元 i 在第 t 次迭代中的权值，x 是输入样本，α 是学习率，v 是获胜神经元，$\Theta(v, i)$ 是邻域函数。

$$w_i^{(t+1)} = w_i^{(t)} + \Theta(v, i) \cdot \alpha \cdot (x - w_i^{(t)})$$

我们可以认为 $\Theta(v,v)=1$，这样就不需要单独描述获胜神经元的权值更新方法。最简单的邻域函数是与获胜神经元直接相邻的取值为 1，其他都为 0。如果对于任何 $i \neq v$ 都有 $\Theta(v,i)=0$，那么可以认为这个网络的拓扑关系约束消失了，这时，SOM 网络几乎退化为一个 K 均值的等效在线算法。

8.8 动手实践

8.8.1 实现 K 均值聚类算法

在实践部分，我们来实现 K 均值聚类算法。在其基础上，很容易进行扩展，实现高斯混合模型等更加复杂的算法。

我们给这个实现取名为simple_kmeans，它没有采取任何优化（可能的优化包括更好的选取初始类中心点、加速计算样本和中心点的距离、当算法收敛时提前结束迭代等）。

算法的第 1 步是选取初始类中心点，直接从样本点中随机选择即可。

在随后的迭代过程中，每一次迭代都要计算样本点与当前各个类中心点的距离，距离计算使用了 scipy 软件包 ⊖ 中的cdist函数。该软件包可以与 numpy 软件包配合使用，快速实现对 numpy 数组的各种科学计算操作。

我们使用的cdist函数可以计算两组输入点之间的距离。这里，我们输入的两组数据点分别为样本点x 和类中心点centers，距离指标参数（metric）设置为欧氏距离。函数输出的结果是一个矩阵，假设x包含 n 行样本点，centers包含 k 行类中心点，输出的矩阵尺寸为 $n \times k$，第 i 行、第 j 列的值表示第 i 个样本点到第 j 个类中心点的距离。

算法根据样本点到类中心点的距离给样本点分配类标签，然后将同一类样本点取均值作为该类别新的类中心点。

```
import numpy
from scipy.spatial.distance import cdist
```

⊖ scipy 软件包的主页：https://www.scipy.org。

```
def simple_kmeans(x, n_clusters, n_iter):
    # 随机选取初始类中心点
    idx = numpy.random.choice(len(x), n_clusters, replace=False)
    centers = x[idx,:]
    # 开始迭代
    for _ in range(n_iter):
        # 采用cdist函数快速计算每个样本点到类中心点的欧氏距离
        distances = cdist(x, centers, metric='euclidean')
        # 根据到类中心点的距离进行分类
        labels = distances.argmin(axis=1)
        # 更新的类中心点
        for idx in range(n_clusters):
            cluster_data = x[labels==idx]
            if cluster_data.shape[0] < 1: continue
            # 选取属于该类中心点的数据
            # 将其均值作为新的类中心点
            centers[idx,:] = cluster_data.mean(axis=0)
    return labels, centers
```

可以随机产生一些数据点，对算法的计算过程进行初步验证。为简化起见，我们并没有评估算法迭代过程终止的条件，实际上，当算法迭代过程中类中心点的位置不再发生变化时，算法可以提前终止。这里，采用一种简化实现，规定算法迭代固定次数。

```
# 采用随机数据测试KMeans算法
labels,centers = simple_kmeans(numpy.random.rand(6,2), 2, 10)
print(labels)
# 输出样例: [0 0 1 1 0 0]
print(centers)
# 输出样例: [[0.23, 0.51]
#           [0.75, 0.55]]
```

8.8.2   图像色彩聚类

下面，用 K 均值算法进行图像中的颜色聚类。将图像中的颜色作为输入样本点，每个样本点有 3 个维度，即 RGB 色彩的红色、绿色、蓝色分量。这些颜色经过聚类后，得到若干类中心点。我们仅仅采用这些类中心点的颜色，按照每个像素的类别归属重建图像。

```python
import numpy
import matplotlib.pyplot as plt


# 读取图像
img = plt.imread('test.jpg')
# 提取像素作为聚类输入
pixels = numpy.array(numpy.reshape(img, (-1,3)), dtype=numpy.float)
# 将像素用K均值算法聚类为8类
labels,centers = simple_kmeans(pixels, n_clusters=8, n_iter=10)


# 用8种颜色重建图片
new_img = numpy.zeros(img.shape)
label_index = 0
for i in range(img.shape[0]):
    for j in range(img.shape[1]):
        new_img[i][j] = centers[labels[label_index]]
        label_index += 1
new_img = numpy.array(new_img, dtype=numpy.uint8)
plt.imshow(new_img)
```

算法在真实照片中的结果⊖如图 8.8 所示。我们分别尝试了 8 种颜色和 4 种颜色的不同效果。当采用 4 种颜色时，画面的颜色损失非常明显；而当采用 8 种颜色时，主要色彩基本上能够正确表达。出现频率较小的颜色损失最为严重，这也体现了 K 均值算

⊖ 第二组照片由作者拍摄于微软上海紫竹园区。

法的特点，它倾向于产生样本数量接近的若干个类别。当类别间的样本数量不平衡时，这个特性表现得尤为突出。

a）原始图像　　　　　b）聚类为8种颜色　　　　c）聚类为4种颜色

d）原始图像　　　　　e）聚类为8种颜色　　　　f）聚类为4种颜色

图 8.8　K 均值聚类进行图像颜色量化的结果（见彩插）

8.8.3　使用 scikit-learn 软件包

正如我们在之前的实践环节中看到的，scikit-learn 软件包封装了很多机器学习算法，聚类算法也不例外。我们可以使用软件包提供的 K 均值算法完成同样的任务。

软件包提供的 K 均值聚类算法允许我们很方便地用类中心点对样本点进行分类。因此，在聚类操作中，我们可以随机采样部分像素进行聚类，而不需要使用图像中的全部像素，这样可以大大加速计算过程。聚类完成后，模型的cluster_centers_属性包含了类中心点的数据。

```python
import numpy
import matplotlib.pyplot as plt
from sklearn.utils import shuffle
from sklearn.cluster import KMeans


img = plt.imread('test.jpg')
# 随机取1000个像素
pixels = numpy.array(numpy.reshape(img, (-1,3)), dtype=numpy.float)
```

```
sample_pixels = shuffle(pixels)[:1000]


# 将像素用KMeans聚类为8类

kmeans = KMeans(n_clusters=8).fit(sample_pixels)
# 计算图片中所有像素属于哪一类
labels = kmeans.predict(pixels)


# 用8种颜色重建图片
new_img = numpy.zeros(img.shape)
label_index = 0
for i in range(img.shape[0]):
    for j in range(img.shape[1]):
        new_img[i][j] = kmeans.cluster_centers_[labels[label_index]]
        label_index += 1
new_img = numpy.array(new_img, dtype=numpy.uint8)
plt.imshow(new_img)
```

　　　软件包还提供了其他聚类算法，比如高斯混合模型（GaussianMixture）及 DB-SCAN 算法等。读者可以尝试用各种模型对样本数据进行聚类。

参考文献

[1]　DEMPSTER A P, LAIRD N M, RUBIN D B. Maximum likelihood from incomplete data via the EM algorithm[J]. Journal of the Royal Statistical Society, 1977(39): 1-22.

[2]　ESTER M, KRIEGEL H P, SANDER J, et al. A Density-Based Algorithm for Discovering Clusters in Large Spatial Databases with Noise[J]. AAAI Press, 1996(96): 226-231.

第 9 章

强 化 学 习

强化学习[1]解决的问题和监督学习或者非监督学习有明显的不同,它不需要带有标签的输入样本作为训练数据。强化学习解决的是序贯决策问题,它帮助智能体在环境中根据当下的状态选择采取合适的动作以实现某种目标。强化学习有很多成功的案例,比如,AlphaGo[2]战胜世界冠军李世石和柯洁所采用的人工智能围棋算法,其核心就是强化学习。除此之外,强化学习在人机对话、自动控制、无人驾驶等领域都有所应用。

9.1 马尔可夫决策过程

强化学习把要解决的问题抽象为智能体和环境的交互过程。智能体是做决策的主体,比如下围棋的 AlphaGo 算法、自动驾驶算法等,而环境则涵盖了影响智能体决策的外界因素,比如与 AlphaGo 下棋的人类棋手、汽车上的探测器感知到的道路环境信息等。智能体的决策会对环境造成影响,在环境发生变化后,智能体要根据观测到的新状态做出新的决策,如此往复,以达到一定的目标。这种目标可以是在对弈中取得胜利,或者保证自动驾驶的车辆安全到达目的地。为了定量描述决策是否符合目标,我们要定义环境对智能体的回报,比如赢得棋局就得到正的回报、输棋则得到负的回报,安全地按照既定路线行驶获得正的回报、碰到障碍物则获得负的回报。强化学习的目标就是使得一系列决策所获得的回报极大化。

强化学习将智能体的决策过程描述为**马尔可夫过程**。马尔可夫过程（Markov process）也叫马尔可夫链，描述了一个系统的一系列状态变化，$s_1, s_2, \cdots, s_t$，其中，s_t 是在 t 时刻系统的状态。马尔可夫过程有一个重要的性质，即任意时刻 t 的状态 s_t 都仅仅与前一个时刻的状态 s_{t-1} 有关，而与以前的状态没有关系。用概率的语言描述，就是下面两个条件概率相等。

$$P(s_t|s_{t-1}) = P(s_t|s_1, \cdots, s_{t-1})$$

这就是说，当前状态已经蕴含了此前的所有历史信息。这种性质称作马尔可夫性。马尔可夫过程可以表示为一个状态机，不同状态之间以一定的概率相互转化。我们用一个假想中的扫地机器人的状态转换概率为例，可以看到一个简单的马尔可夫过程，如图 9.1 所示。当然，现实中的扫地机器人行走的过程会更加复杂，状态空间可能不是离散的，而是连续的、无限的，状态变化可能不是严格的马尔可夫过程，状态转移概率会因为某些其他因素发生变化。

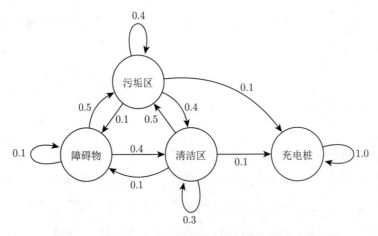

图 9.1　扫地机器人状态转移概率的马尔可夫过程示意图

马尔可夫过程是对真实世界的随机过程的抽象和简化。由于未来的状态仅依赖于当前状态，而与以往的所有状态都无关，在这样的过程中，决策可以仅仅依赖于当前状态。这样的决策过程就叫作**马尔可夫决策过程**。在强化学习中，我们认为智能体的决策过程就是马尔可夫决策过程。

与马尔可夫过程的不同之处是，马尔可夫决策过程的状态转移概率不仅依赖于当前状态，还依赖于智能体采取的动作。状态转移的概率描述为从某个状态 s，采取动作 a，转移到状态 s' 的概率 $P(s'|s,a)$。伴随着状态转移，智能体同时还从环境中获得一定的回报 R。强化学习的目标就是寻找一个最优的策略，使得在一系列的状态转移中所获得的总体回报最大化。比如，在扫地机器人的模型中，当机器人扫过一个污垢区时，我们就给机器人一定的正回报作为奖励，而碰到障碍物则给一个负回报作为惩罚；重复在清洁区中移动会无谓地损失电量，所以也要给一个较小的负回报，引导它不要进行无效动作。这样，强化学习就可以学习到绕开障碍物，并利用较少的电量清扫较多区域的策略。策略就是根据当前状态选取最佳动作，也可以描述为动作对状态的条件概率分布。我们通常用 π 表示策略，$\pi(a|s) = P(a|s)$。

在强化学习中，策略是用概率分布来描述的，状态转移也是用概率分布来描述的。这是因为，实际应用环境总是有噪声的且充满不确定性的，我们利用概率工具将这些不确定性因素纳入考虑范围。同时，无论是智能体还是人的决策过程都是在选择中做出权衡，有时候有明显的最优选择，而有时候可以尝试不同选择进行探索，以便得到更好的策略。概率工具很好描述了这种过程。

9.2　值函数

有了决策过程的模型，我们就可以计算决策所获得的回报了。强化学习处理的是序贯决策问题，随着每一次状态的转移，智能体都获得不同的回报。在任意时刻，我们的目标都是使得未来预期收获的总回报最大，也就是累积回报期望值最大化。时刻 t 的**累积回报** G_t 定义如下，其中 R_t 是 t 时刻获得的回报，而 γ 是一个折扣因子，通常略小于 1。

$$G_t = R_t + \gamma R_{t+1} + \gamma^2 R_{t+2} + \cdots = \sum_{k=0}^{\infty} \gamma^k R_{t+k}$$

折扣因子 γ 很像经济学中计算预期收益的折现率。手里的现金可以通过投资获取一定的利息，所以将未来某一时刻的收入换算成当下的收益时，要按比例扣除在未来这段时间内本应获得的利息。所以，当把未来的回报计入当前的累积回报时，要先乘以某个小于 1 的因子 γ 后再累加。

现在我们很自然地想到，可以用 G_t 来衡量 t 时刻的状态 s_t 的价值。然而，上面的累积回报是根据某个确定的状态序列得到的。由于强化学习中的环境和策略都是随机的概率模型，当给定策略 π 时，从 s_t 状态出发的状态序列可能会有各种不同的情况出现。即使采取完全相同的行动序列，也可能由于环境的随机性而产生不同的状态序列，不同的状态序列就对应着不同的累积回报。所以，累积回报实际上是一个随机变量，因此，我们可以用这个变量的期望来描述状态的价值，这就是**状态值函数 $v_\pi(s)$**。

$$v_\pi(s) = E_\pi\left(\sum_{k=0}^{\infty} \gamma^k R_{t+k} | s_t = s\right)$$

如果我们能够确定当前状态所采取的动作 a，那么，值函数就是状态和动作的函数，我们称之为**状态动作值函数 $q_\pi(s,a)$**。

$$q_\pi(s,a) = E_\pi\left(\sum_{k=0}^{\infty} \gamma^k R_{t+k} | s_t = s, a_t = a\right)$$

利用全概率公式，我们知道两个值函数有如下的关系：

$$v_\pi(s) = \sum_a \pi(a|s) q_\pi(s,a)$$

$$q_\pi(s,a) = R_s^a + \gamma \sum_{s'} P(s'|s,a) v_\pi(s')$$

状态值函数等于状态动作值函数对所有可能采取动作 a 的期望。状态动作值函数等于当前动作取得的收益 R_s^a 加下一个状态值函数的期望。

将状态随着动作转移的过程展开为树状，如图 9.2 所示。可以看到状态值函数和状态动作值函数的关系，其中空心圆表示状态，实心圆表示动作。

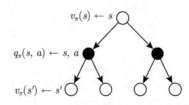

图 9.2　状态转移过程树状图

强化学习的目标是找到最优策略 π，这个过程通常伴随着找到如何准确估计状态值函数 v_π 或者状态动作值函数 q_π。以下棋为例，优秀的棋手总是需要准确估计盘面的局势，并且判断采取不同的走棋动作后盘面局势的变化情况，以及对输赢面会有怎样的影响。

9.3   蒙特卡洛法

蒙特卡洛法（Monte Carlo method）是一类随机采样的数值计算方法。当我们需要计算随机变量的某种统计量，而又无法直接通过解析方法计算的时候，就可以进行大量的随机采样，用样本的统计量去逼近真实随机变量的统计量。在强化学习中，值函数是累积回报的期望，而累积回报是一个随机变量，它依赖于状态转移概率，以及智能体的动作策略。即使我们预先知道其中的所有条件概率，也很难直接计算某一状态的累积回报的分布或者它的期望。因此，蒙特卡洛法用随机采样的方法，将累积回报的采样均值（经验均值）作为期望的近似值，这样就得到了近似的值函数。

每一次随机采样的过程叫作一次试验（episode）。试验从某个状态 s 开始，用一个策略 π 选取智能体所采取的动作 a，进入下一个状态 s'，并获得回报 R，如此反复迭代直至到达终止状态。一次试验会产生一个状态和动作交替的序列，以及每个动作取得的回报。对于这个序列上出现的每一个状态，我们都可以计算得到该状态在此次试验中的累积回报 G，作为状态动作值函数 $q_\pi(s, a)$ 的一个采样值。

假设 G_t 是状态 s_t 采取动作 a_t 在本次试验中的累积回报，那么，我们就可以如下更新状态动作值函数 $q_\pi(s_t, a_t)$：

$$q_\pi(s_t, a_t) \leftarrow q_\pi(s_t, a_t) + \alpha(G_t - q_\pi(s_t, a_t))$$

其中，α 是一个学习率，一般来说远小于 1。当状态和动作都是有限集合的时候，我们可以把 q_π 记录为一个二维表格，反复更新其中的值。而当状态和动作为连续值的时候，我们把 q_π 视为需要拟合的一个函数，把每次试验取得的值作为样本，采用某种回归模型（比如神经网络）对值函数进行拟合。可想而知，随着试验的反复进行，值函数会越来越接近真实值。在此过程中，我们还会根据已经得到的值函数来更新策略 π，$\pi(s) \leftarrow \arg\max_a q_\pi(s,a)$。

如图 9.3 所示，状态转移展开为树状，阴影标记出了蒙特卡洛法的一次试验，空心圆表示状态，实心圆表示动作，方块表示终止状态（Terminal state）。

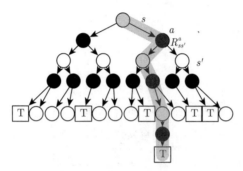

图 9.3　蒙特卡洛法试验

蒙特卡洛法实际上是在状态空间中进行采样，要准确估计值函数，就必须对状态空间进行充分的采样。在上面的描述中，我们只有一个策略 π，这个策略既是我们最终要学习到的策略，也是进行采样的策略。我们把最终学习到的策略叫作**目标策略**，而把采样的策略叫作**探索策略**。当目标策略和探索策略相同时，我们把这种学习方式叫作**同策略学习**（on-policy）。

同策略学习是有局限性的。目标策略通常是一个贪婪策略（greedy policy）。所谓**贪婪策略**，就是在选取动作时，总是选择使得值函数最大化的动作。这在应用中是好的策略，可谓稳扎稳打，步步为营。然而，贪婪策略缺乏随机性，它几乎消除了动作选择的随机性，剩下的随机性则仅仅来源于状态转移，这常常不能提供足够的随机性让我们对状态空间进行充分探索。因此，我们需要更加随机的策略作为探索策略。

目标策略和探索策略不同的学习方式叫作**异策略学习**（off-policy）。在异策略学习中，我们给探索策略引入更多的随机性。我们不再严格地按照贪心法则采取值函数最大化的动作，而是给其他动作也分配一些被选择到的概率。我们把这样的策略叫作**软策略**或者温和策略（soft policy）。最常见的软策略是 ε 策略，即取一个小于 1 的阈值 ε，每次选择动作时，从 $[0,1]$ 区间上的均匀分布里随机取一个值，如果该值小于或等于 ε，就在各个动作中等概率地随机选择一个动作；如果该值大于 ε，则退回到贪婪策略，选取值函数最大化的动作。这就保证了在任意状态下，任何动作都有被选择的可能性，于是我们可以对状态空间进行更加充分的采样。

9.4 时间差分法

蒙特卡洛法需要等到每次试验结束才能进行学习，这在很大程度上限制了学习的效率。对于大部分模型，一次完整的试验通常包含很多状态，比如下棋，就意味着需要每个棋局结束才能进行学习。似乎很难避免这样的局限性，特别是对于下棋这种没有中间回报的过程，直到棋局结束，才有输赢的信号作为回报。

能不能在试验未结束的时候就进行学习呢？答案是肯定的。我们要采用自举的方法，自己做自己的老师。

仍以下棋为例，在有了一定经验之后，我们常常并不需要等到棋局完全结束，就能够判断自己的输赢局势。也许一个棋局需要 30 步才能真正分出胜负，但是在第 20 步的时候，我们可能已经意识到，之前某些步骤没有走好，已经造成了难以挽回的颓势。我们仍可以尽力争取，继续支撑几个回合，但是败局几乎已定。其实，这个时候，我们就已经在学习了。既往的经验可以帮助我们对局势进行评估，把评估的结果作为学习的信号。

回顾一下蒙特卡洛法，计算累积回报采用的是其定义，$G_t = R_t + \gamma R_{t+1} + \cdots + \gamma^{T-t} R_T$。除去第 1 项，剩余各项其实就是下一个状态的累积回报乘以折扣因子，则 $G_t = R_t + \gamma G_{t+1}$。如果我们不完成一次试验，就无法得到 G_{t+1} 的真值，但是我们可以利用当前的值函数来估计回报的值。

$$G_t = R_t + \gamma v_\pi(s_{t+1})$$
$$= R_t + \gamma \max_a q_\pi(s_{t+1}, a)$$

由于目标策略 π 是贪婪策略，状态值函数就等于所有动作的状态动作值函数的最大值。到这里，我们就得到了时间差分法的学习方法。

$$q_\pi(s_t, a_t) \leftarrow q_\pi(s_t, a_t) + \alpha \left(R_t + \gamma \max_a q_\pi(s_{t+1}, a) - q_\pi(s_t, a_t) \right)$$

时间差分法不必等待试验完全结束，仅根据当前的状态转移和回报进行学习，如图 9.4 所示。这是一种自举的方法，用已知的值函数帮助我们修正值函数。这种自举的方法在强化学习中也有应用。比如，在学习下围棋的 AlphaGo 中，算法正是采用了自我对弈的办法最终实现超越人类棋手。棋谱能够提供的棋局数量有限，而通过和真实的人下棋的方式来探索围棋的状态空间显然速度也不够快。即使让全部人类棋手同时与算法对弈，可能也不及计算机自我对弈的速度快。AlphaGo 就是利用已经学习出的策略作为模拟人类棋手的对弈"环境"，来探索围棋的状态空间，从而学习出更好的围棋策略。然后继续以该策略为对手，进行迭代改进，使得计算机下围棋的水平迅速提高。

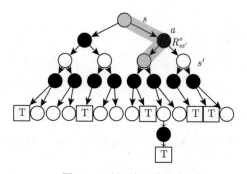

图 9.4　时间差分法试验

在强化学习之外的领域也能看到这种自举的思想。比如，对抗生成网络（GAN）模型是一种用于生成样本的神经网络，它可以用来生成任意虚拟人像照片。它的原理是构造两个网络，一个叫作生成网络，用来生成人像照片，一个叫作判别网络，用来判别人像照片是真实的，还是由算法生成的。判别网络用生成网络产生的照片和训练集中有限的真实照片作为样本进行训练。算法如同一个人左右互搏，最终生成网络可以产生出几乎像真实照片一样的样本，让判别网络难以分辨。

9.5 深度值网络 DQN

随着硬件计算能力的提升,深度神经网络越来越受到研究者和工业界的偏好,也进入强化学习的领域。用深度神经网络拟合状态动作值函数,采用时间差分算法进行强化学习,于是深度值网络(Deep Q-Network,DQN)[3] 模型出现了,其名称中的 Q 就是值函数,也就是对未来预期累积回报的估计。这个算法可以用来模拟人玩电子游戏,而且比人玩得还好。著名科学期刊《自然》刊登了这一成果 [4],不久之后的 AlphaGo 算法战胜了顶尖的人类围棋选手,使得基于深度神经网络的强化学习模型走入更多大众的视野。

深度值网络采用了**经验回放记忆**来训练神经网络,如图 9.5 所示。回放记忆(Replay Memory)是一个有限大小的缓存空间,可以存储 N 条训练样本,每个样本是一次状态转移 (s_t, a_t, R_t, s_{t+1}),包含当前状态、采取的动作、获得的回报及下一个状态。经验回放记忆中的样本由探索策略进行试验得到,一旦记忆满了,就丢弃掉较早一些的记忆。每次训练时,从经验回放记忆中随机抽取一组样本,训练值网络,用修正后的值网络更新目标策略和探索策略。

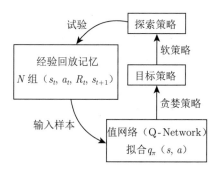

图 9.5 基于深度值网络的强化学习

采用经验回放记忆的好处是能够为神经网络提供更具有独立性的样本(见算法 5)。从某次试验获取的状态转移样本通常具有一定的关联性,这种关联性会使得神经网络在训练过程中变得不够稳定。从经验回放记忆中随机抽取批量样本进行训练,可以有效打破这种关联性,使得同批次的样本更加独立。

算法 5: 带有经验回放记忆的深度值网络算法

1 初始化容量为 N 的经验回放记忆

2 随机初始化拟合状态动作值函数的网络 $Q(s, a)$

3 repeat

4　　重置环境到初始状态 s_1

5　　**foreach** 对每个时刻 $t = 1, \cdots, T$ **do**

6　　　　采用 ε 软策略，以 ε 的概率选择一个随机动作 a_t

7　　　　否则选择 $a_t = \max_a Q(s_t, a)$

8　　　　执行动作 a_t 获得回报 R_t 并进入状态 s_{t+1}

9　　　　将 (s_t, a_t, R_t, s_{t+1}) 存入回放记忆

10　　　　从回放记忆中取出若干组 (s_j, a_j, R_j, s_{j+1})

11　　　　如果 s_{j+1} 是终止状态，令 $y_j = R_j$

12　　　　否则，令 $y_j = R_j + \gamma \max_a Q(s_{j+1}, a)$

13　　　　以 $\left(y_j - Q(s_j, a_j)\right)^2$ 为损失函数训练值网络 Q

14　　**end**

15 until 重复 M 次试验

值网络 Q 通常并不把 (s, a) 都纳入输入，而是仅仅以 s 作为输入，对每个动作设置一个输出，用来代表该动作对应的值函数输出。对于动作集合有限的情况（大部分情况如此），这有利于简化神经网络的设计。神经网络可以根据状态的不同而选取不同的结构，比如模拟人玩电子游戏的网络，它的输入是电子游戏屏幕的图像，那么网络可以采取多层卷积神经网络加若干全连接层的方式，有利于提取图像中的信息。网络的输出层则分别代表游戏机的各个操作按钮，以及不操作。对于玩游戏来说，"不操作"也是动作之一。

9.6　动手实践

在本章的实践部分，我们采用 PyTorch 软件包提供的神经网络计算和训练功能，实现基于时间差分法和经验回放记忆的"状态动作值函数"模型训练。

9.6.1 扫地机器人示例

这里我们看一个简单的示例，扫地机器人。在这个例子中，我们把要打扫的房间描述为矩形网格，为了简化起见，机器人的位置是离散的，只能出现在某个格子中（也就是说位置坐标只能是整数）。机器人的运动方向只能是前后左右 4 个方向之一（不能斜向运动）。我们假设，机器人的观察范围非常有限，只能看到前后左右 4 个方向上最近的格子，可以观察到格子是否有墙，以及格子是否打扫过。这样，机器人观察到的状态就可以用一个长度为 8 的向量表示，向量由 0 和 1 组成，前 4 个值表示前后左右是否有墙，后 4 个值表示前后左右是否被打扫过。

机器人可以做 3 个动作，分别是前进一个格子、在当前格子内部向左或者向右转 90°。当机器人进入一个未曾打扫过的格子的时候，给 1 单位回报作为奖励。为了防止机器人在房间中无穷无尽地走下去，或者不停地原地转圈圈，当机器人走入一个已经打扫过的格子，或者进行一次转动时，给 −1 单位回报作为惩罚。为了鼓励机器人尽量探索整个房间，完成全部清扫，在机器人扫完所有可以打扫的格子时，给一个较大的回报（比如 100）作为奖励，并结束该轮试验。为了防止机器人撞向墙或者障碍物，当机器人向着墙所在的格子前进时，给一个较大的负回报（比如 −100）作为惩罚，并终止试验。同时，我们模拟真实机器人具有有限容量的电池，假设电池初始电量为 100，每次动作消耗 1 个单位的电量，当电量耗尽但是没有打扫完房间的时候，给一个较大的惩罚。

9.6.2 描述机器人与环境的交互

一个有效的强化学习模型，除了具有设计恰当的值网络结构（也可以选取其他恰当的回归模型）以外，描述智能体与环境的交互行为也是重要的环节，它会影响值函数的输入和输出，进而影响拟合值函数的模型训练的效果。

环境的设计包含如何编码智能体的动作，如何表示智能体的观察状态，以及对于各种情况设定适当的回报数值，以便引导算法朝着预期的方向进化。下面显示了一个一般化的框架，用于描述智能体和环境的交互过程。这个框架实际上是一个状态机模型，状态根据智能体的动作和当前的环境发生转移，同时给智能体反馈一定的回报。

```
# 描述智能体和环境交互行为的类框架
class BotEnv(object):
    def __init__(self):
        # 初始化智能体和环境
        # 准备用于记录环境和智能体状态的变量
    def reset(self):
        # 将智能体和环境恢复到初始状态
        # 为下一轮试验做准备
    def get_state(self):
        # 输出表示智能体当前可观测状态的张量
    def do_action(self, action):
        # 让智能体执行动作（action）
        # 输出下一个观测状态的张量，以及执行动作得到的回报
```

现在，我们根据扫地机器人这个实例完善上述框架。房间的状态用矩阵表示，元素取值为 0、1 或 2，其中 0 表示未打扫的格子，1 表示打扫过的格子，2 表示墙或者障碍物。

```
class BotEnv(object):
    def __init__(self):
        self.n_actions = 3 # 3个动作：前进、左转、右转
        self.power = 0      # 机器人电量
        self.map = None     # 当前房间网格地图
        self.pos = None     # 机器人当前位置
        self.botdir = None  # 机器人当前方向
        # 4个方向变换矩阵
        # 用于计算机器人当前方向对应的前、左、右、后 4 个方向
        self.alldir = numpy.array([[[1,0],[0,1]],
            [[0,1],[-1,0]],[[0,-1],[1,0]],[[-1,0],[0,-1]]])
        # 初始地图，0表示地面，2表示墙，1表示打扫过的地面
        # 这是一个5×6的矩形房间
```

```
        self.init_map = numpy.array([[2,2,2,2,2,2,2,2,2],[2,0,0,0,0,0,0,0,2],
            [2,0,0,0,0,0,0,0,2],[2,0,0,0,0,0,0,0,2],[2,0,0,0,0,0,0,0,2],
            [2,0,0,0,0,0,0,0,2],[2,2,2,2,2,2,2,2,2]])
        # 调用reset方法将状态初始化，方法定义在后面列出
        self.reset()

    def reset(self):
        # 放置机器人的初始位置
        self.pos = [2,2]
        # 机器人的初始方向
        self.botdir = [1,0]
        # 地图的初始状态
        self.map = numpy.copy(self.init_map)
        # 设置机器人的初始电量略大于可打扫网格数量
        self.power = self.map.shape[0] * self.map.shape[1]
```

在get_state方法中，我们根据机器人当前位置和方向，计算出机器人前、后、左、右 4 个网格的位置，将这 4 个网格中是否有墙、是否已经打扫过的信息作为张量输出。

```
class BotEnv(object):
    # 此处省略前面已经列出的代码
    # 直接列出获取当前观察状态的方法
    def get_state(self):
        # 计算机器人在当前位置和当前方向下
        # 前、左、右、后 4个方向相邻网格点坐标
        allpos = numpy.matmul(self.botdir, self.alldir) + self.pos
        # 取出这4个相邻网格的地图状态数值
        allidx = numpy.ravel_multi_index(numpy.transpose(allpos), self.map.shape)
        allval = numpy.take(self.map, allidx)
        # 产生机器人当前的观察结果：是否是墙、是否打扫过
        iswall = numpy.array(allval==2, dtype=numpy.float)
        isdone = numpy.array(allval==1, dtype=numpy.float)
```

```
    # 输出为张量
    return torch.tensor([numpy.array([iswall, isdone]).flatten()],
        dtype=torch.float)
```

下面列出了机器人执行动作的方法。3 个动作用 0、1、2 三个数值表示，其中，0 表示前进一个格子，1 表示左转，2 表示右转。执行动作的do_action方法会根据不同动作更新环境和机器人的内部状态，方法的返回值是更新后的环境下机器人观察到的状态，以及机器人由于此次动作得到的回报。

```
class BotEnv(object):
    # 此处省略前面已经列出的代码
    # 直接列出执行动作的方法
    def do_action(self, action):
        # 如果电量耗尽，给-100的惩罚，结束试验
        if self.power <= 0:
            return None, torch.tensor([-100], dtype=torch.float)
        # 消耗一格电量
        self.power -= 1
        # 如果动作是左转(1)或者右转(2)
        if action == 1 or action == 2:
            # 更新机器人方向，给-1的能耗惩罚
            self.botdir = numpy.matmul(self.botdir, self.alldir[action])
            return self.get_state(), torch.tensor([-1], dtype=torch.float)
        # 如果动作是前进(action == 0)
        # 前进一个格子，更新机器人位置
        self.pos = numpy.array(self.pos) + self.botdir
        # 提取地图中当前格子的数值
        posval = self.map[self.pos[0], self.pos[1]]
        # 如果撞到了墙，给-100的惩罚，结束试验
        if posval == 2:
            return None, torch.tensor([-100], dtype=torch.float)
        # 计算新的状态
```

```
next_state = self.get_state()
# 如果当前格子没有打扫过，将它标记为已经打扫过
if posval == 0:
    self.map[self.pos[0], self.pos[1]] = 1
    # 如果房间打扫完成，给100奖励，结束试验
    if numpy.all(self.map > 0):
        return None, torch.tensor([100], dtype=torch.float)
    # 如果还没有打扫完成，给1个奖励，继续试验
    return next_state, torch.tensor([1], dtype=torch.float)
# 如果当前格子已经打扫过，给-1的能耗惩罚，继续试验
return next_state, torch.tensor([-1], dtype=torch.float)
```

到此为止，我们就完成了对环境和智能体交互的描述。

9.6.3　实现值函数的神经网络模型

相对于环境的描述，值网络在这个机器人的例子中较为简单。当前环境的观察结果是 8 个值组成的向量，所以网络的输入维度为 8。机器人可能采取的动作有 3 种，因此，网络的输出维度为 3，表示机器人下一步采取各种动作后将可能收获的回报的期望值。

我们用一个多层感知机实现这个值网络。感知机有一个中间层，具有 32 个神经元。因此，这个值网络是由两个全连接层（Linear）组成的，采用线性修正单元（ReLU）作为激活函数。

```
import torch.nn as nn
import torch.nn.functional as F


# 值网络模型
class DqnModel(nn.Module):
    def __init__(self):
        super(DqnModel, self).__init__()
        self.lin1 = nn.Linear(8, 32)
        self.lin2 = nn.Linear(32, 3)
```

```
def forward(self, x):
    x = F.relu(self.lin1(x))
    return self.lin2(x)
```

9.6.4　实现回放记忆

在定义好环境和值网络之后，下面是基于深度值网络的强化学习算法中通用的部分。

首先，我们实现一个回放记忆。回放记忆的内容是若干组在最近的试验中发生过的状态转换。这相当于值网络的训练样本的"池子"。我们不断进行试验，将状态转换放入这个样本池，值网络从中批量进行随机采样，用于训练过程。样本池中的每个状态转换包含 4 个元素：当前状态、动作、下一个状态和奖励。

```
import random
from collections import namedtuple


# 回放记忆的内容为状态转换
# 用一个命名元组表示状态转换
# 分别是当前状态、动作、下一个状态、奖励
Transition = namedtuple('Transition',
    ('state', 'action', 'next_state', 'reward'))


class ReplayMemory(object):
    def __init__(self, capacity):
        # 回放记忆的容量
        self.capacity = capacity
        # 初始化空的记忆
        self.memory = []
        self.position = 0
    def push(self, *args):
        # 记录一个状态转换
```

```
        if len(self.memory) < self.capacity:
            self.memory.append(None)
        self.memory[self.position] = Transition(*args)
        self.position = (self.position + 1) % self.capacity
    def sample(self, batch_size):
        # 随机采样一批状态转换用作训练样本
        return random.sample(self.memory, batch_size)
    def __len__(self):
        # 返回记忆的长度
        return len(self.memory)
```

9.6.5 实现基于时间差分法的训练过程

下面实现训练过程。首先，初始化训练器。训练器包含了一个探索策略和一个目标策略，它们都采用前面定义的值网络模型。训练器还包含了前面已经定义的环境和回放记忆。

```
import math
from itertools import count
import torch.optim as optim


class DqnTrainer(object):
    def __init__(self):
        self.BATCH_SIZE = 8          # 训练批量大小
        self.GAMMA = 0.999           # 回报折扣因子
        self.EPS_START = 0.95        # 探索策略的初始随机度
        self.EPS_END = 0.5           # 探索策略的最终随机度
        self.EPS_DECAY = 200         # 探索策略的随机度下降因子
        self.policy_net = DqnModel() # 探索策略所采用的网络
        self.target_net = DqnModel() # 最终训练的目标网络
        # 同步目标网络和探索策略的状态
```

```
    self.target_net.load_state_dict(self.policy_net.state_dict())
    self.target_net.eval()
    # 初始化优化器
    self.optimizer = optim.RMSprop(self.policy_net.parameters())
    # 初始化回放记忆
    self.memory = ReplayMemory(10000)
    self.steps_done = 0 # 记录试验次数
    # 初始化环境
    self.botenv = BotEnv()
```

下面是选取动作的函数，它的输入是当前观察状态，输出是机器人将采取的动作。它采取随机探索策略选取动作。探索策略的随机度（ε）从一个较大的值（此处为 0.95）开始，随着训练过程的进行逐渐缩小到较小的值（0.5）。当随机值大于这个随机度时，探索策略采用值网络的输出决定下一步动作，也就是选取输出值最大的动作，或者说期望回报最大的动作；否则，探索策略将采取一个随机动作，以便训练过程能逐步探索状态空间，而不至于陷入状态空间的局部。

```
class DqnTrainer(object):
    # 此处省略前面已经列出的部分定义
    # 直接进入选取动作的方法
    def select_action(self, state):
        sample = random.random()
        # 计算当前的探索策略随机度
        eps_threshold = self.EPS_END+(self.EPS_START-self.EPS_END)*math.exp(
            -1.0*self.steps_done/self.EPS_DECAY)
        self.steps_done += 1
        # 当随机值大于随机度时，采用网络的最大输出决定选取的动作
        # 否则，选取一个随机动作
        if sample > eps_threshold:
            with torch.no_grad():
                return self.policy_net(state).max(1)[1].view(1,1)
```

```
    else:
        return torch.tensor([[random.randrange(self.botenv.n_actions)]],
            dtype=torch.long)
```

我们采用时间差分法进行训练。时间差分法的核心是用"估计值"代替值函数的"真实值"进行值函数拟合。对于回放记忆中的每一个状态转换 (s_t, a_t, R_t, s_{t+1})，即当前状态、动作、回报和下一个状态构成的元组，我们可以用值函数 Q 计算出 $Q(s_t, a_t)$ 作为期望回报的预测值。回报的真实值并不需要等到试验完成才能得到，而是用 $R_t + \gamma \max_a Q(s_{t+1}, a)$ 这个"估计值"作为"真实值"，用本次回报与下一个状态预期回报之和，作为当前动作所导致的预期总回报的估计。这样做可以有效地加速训练过程。

```
class DqnTrainer(object):
    # 此处省略前面已经列出的部分定义
    # 直接进入优化方法
    def optimize_model(self):
        if len(self.memory) < self.BATCH_SIZE:
            return
        # 从回放记忆中进行采样
        transitions = self.memory.sample(self.BATCH_SIZE)
        batch = Transition(*zip(*transitions))
        # 用值网络预测每个转换中的状态和动作对应的期望回报值
        # 这一步计算出的是网络的预测值
        state_batch = torch.cat(batch.state)
        action_batch = torch.cat(batch.action)
        state_action_values = self.policy_net(state_batch).gather(1, action_batch)
        # 下面计算动作期望回报的"真实值"
        # 这个真实值是采用时间差分法的估计值
        # 是基于下一个状态的值函数进行估计得到的
        # 如果没有下一个状态，那么其对应的期望回报值为0
        next_state_values = torch.zeros(self.BATCH_SIZE)
        # 如果有下一个状态，用目标值网络计算状态动作值函数
```

```
# 选取下一个状态的最大回报动作对应的值作为状态的期望回报
non_final_next_states = torch.cat([s for s in batch.next_state if s is
    not None])
non_final_mask = torch.tensor(tuple(map(lambda s: s is not None,
    batch.next_state)), dtype=torch.bool)
next_state_values[non_final_mask] =
    self.target_net(non_final_next_states).max(1)[0].detach()
# 当前动作的预期回报的"真实值"估计如下：
# 当前回报 + 下一个状态的期望回报
reward_batch = torch.cat(batch.reward)
expected_state_action_values = (next_state_values * self.GAMMA) +
    reward_batch
# 用当前动作回报的预测值和"真实值"计算网络的误差
# 这里采用平滑的绝对误差
loss = F.smooth_l1_loss(state_action_values,
    expected_state_action_values.unsqueeze(1))
self.optimizer.zero_grad()
loss.backward()
for param in self.policy_net.parameters():
    param.grad.data.clamp_(-1, 1)
self.optimizer.step()
```

最后，我们将前面的准备工作集合在一起，完成一轮试验的训练过程。

```
class DqnTrainer(object):
    # 此处省略前面已经列出的部分定义
    # 直接进入一轮试验的训练过程
    def train_episode(self):
        # 重置环境，开始新一轮试验
        self.botenv.reset()
        # 获取初始状态
        state = self.botenv.get_state()
```

```
    for _ in count():
        # 执行一个动作
        action = self.select_action(state)
        next_state, reward = self.botenv.do_action(action.item())
        reward = torch.tensor([reward])
        # 将状态转换记入回放记忆
        self.memory.push(state, action, next_state, reward)
        state = next_state
        # 用回放记忆中的数据训练模型
        self.optimize_model()
        # 如果试验结束，跳出循环
        if state is None:
            break
    # 将优化过的探索策略网络同步到目标网络
    self.target_net.load_state_dict(self.policy_net.state_dict())


# 进行10次迭代训练
dqn = DqnTrainer()
for i in range(10):
    dqn.train_episode()
```

9.6.6 扫地机器人对房间的探索过程

扫地机器人在单个矩形房间里的训练过程如图 9.6 所示。在训练之初，仅经过 2 次迭代，机器人就学习到了尽量不要转弯，而是向前进，因为不必要的转弯只会徒增消耗。然而，机器人还没有学会遇到墙转弯。在 20 次迭代后，机器人学会了遇到墙转弯，甚至学会了遇到打扫过的区域转弯，但是还没有学会完整地探索整个房间。经过 200 次迭代后，机器人就能够高效率地打扫整个房间了。它学会了尽量不去重复劳动，用较少的能耗打扫完整个房间。

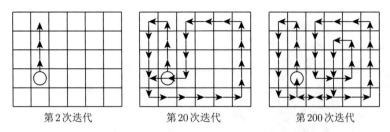

第2次迭代   第20次迭代   第200次迭代

图 9.6   扫地机器人在单个矩形房间里的表现

随后，我们给机器人的环境增加了一些难度。我们在房间中建了一堵墙，在墙上留了一个门，形成两个小房间，看机器人是不是能够穿过门。机器人在 200 次迭代后，并没有学会如何穿过门。我们提高了探索策略的随机概率 ε，让机器人能够更加自由地进行探索。机器人在 2000 次迭代后，发现了通过门的路，完成了两个小房间的打扫任务，如图 9.7 所示。

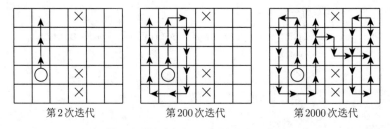

第2次迭代   第200次迭代   第2000次迭代

图 9.7   扫地机器人找到通过门的路

参考文献

[1]   郭宪. 深入浅出强化学习: 原理入门 [M]. 北京：电子工业出版社, 2018.

[2]   SILVER D, HUANG A, MADDISON C J, Arthur Guez,et al. Mastering the game of go with deep neural networks and tree search[J]. Nature, 2016, 529(7587): 484-489.

[3]   MNIH V, KAVUKCUOGLU K, SILVER D, et al. Playing atari with deep reinforcement learning[J]. arXiv preprint arXiv: 1312.5602, 2013.

[4]   MNIH V,KAVUKCUOGLU K,SILVER D,et al. Human-level control through deep reinforcement learning[J]. Nature,2015, 518(7540): 529-533.

第 **10** 章

自然语言处理

　　自然语言处理是计算机科学、人工智能和语言学交叉的领域。使用语言是人类智能明显区别于其他动物的特征之一。语言是思维的媒介，既是我们用来听说读写的交流工具，也是高级逻辑思维活动的载体。科学、历史、文学等文明成果都以语言文字的形式传播和传承。完美理解自然语言几乎相当于完全理解了人类智能，因此，自然语言处理是人工智能研究和应用的重要领域，值得用一整本书来进行详细的探讨，我们在这里只做粗浅的介绍。

　　实现人类理解运用语言的能力是尚未实现的强人工智能的目标之一。现阶段的研究应用关注自然语言处理相关的具体任务，比如文本朗读（从文本到语音的转换）、语音识别（从语音到文本的转换）、文档分类（实现基于内容的检索）、图像标题文字生成、问答系统（用于智能助理、智能客服）、机器翻译、文本情感分析等。

　　较早的研究从 20 世纪 50 年代就开始了，集中于机器翻译。直到 20 世纪 80 年代前，受限于当时计算机的算力，人们采用的主要方法是基于语言文法规则的，像处理计算机程序设计语言一样，定义自然语言的文法规则，在严格的规则系统上进行处理。随着算力的快速增长，以及各种大规模语料库的建立，人们开始倾向于统计模型。面对自然语言丰富的变化，硬性规则难以完善地覆盖和灵活地应对各种情况，统计模型开始占据主导地位。现在谈到自然语言处理，通常是指基于统计模型的自然语言处理。

10.1　隐马尔可夫模型

隐马尔可夫模型（Hidden Markov Model，HMM）是广泛采用深度神经网络之前的主流方法。自然语言是一种序列数据，这是它与图像、向量、矩阵的重要区别。我们不能假设语句具有整齐、固定的长度，自然语言模型必须能够处理不确定长度的序列。隐马尔可夫模型可以描述任意长度的状态迁移序列，因此，我们用隐马尔可夫模型来处理语言。

我们在强化学习中已经接触了"马尔可夫过程"的概念。在马尔可夫过程的状态序列中，每个状态仅仅依赖于前一个状态，也就是说，$P(s_t|s_{t-1}) = P(s_t|s_1, \cdots, s_{t-1})$。

在隐马尔可夫模型中，我们还要加入另一个约束条件：状态不是直接可见的。我们把这些不可见的隐藏状态称为隐变量 $s_1, s_2, \cdots$。在每个时刻，我们可以观察到受当前状态影响的一些外在因素，这些观察值也构成了一个序列 $x_1, x_2, \cdots$，如图 10.1 所示。

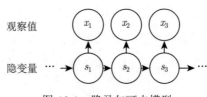

观察值

隐变量

图 10.1　隐马尔可夫模型

在隐马尔可夫模型中，我们知道每种状态可能出现的先验概率 $P(s_t)$，以及状态迁移的条件概率 $P(s_t|s_{t-1})$。同时，我们知道观察值和隐藏状态之间的条件概率关系 $P(x_t|s_t)$。隐马尔可夫模型可以在此基础上从观察值序列去估计最有可能的隐变量序列 $s_1, s_2, \cdots$。后面我们会看到如何用维特比算法实现这一点。

那么，隐马尔可夫模型是如何应用到自然语言处理中的呢？在自然语言处理中，观察值就是我们要处理的由单词序列构成的语句，隐变量则是我们希望分析出的每个词对应的属性。以词性标注为例，句子中的词汇序列是观察值，每个词对应的词性标签是我们要寻找的隐藏状态变量。一方面，我们知道不同词性的词在句子中组合的大致顺序关系，比如，名词性的主语和宾语出现在动词两侧，形容词通常在名词之前，介词短语通常包含介词和名词性的成分，在动词前后起到修饰作用。这些构成了词性作为隐藏状态转移的概率。根据带有词性标记的语料库，我们很容易通过统计的方式知道这些概率，比如，用形容词之后出现名词的次数除以形容词出现的总次数，就得到了形容词转移到名词的概率。另一方面，我们也知道隐藏状态是某种词性时，我们看到某一单词的概率，这很容易从语料库中统计出来。这就构成了我们在隐马尔可夫模型中已知的那些条件概率和先验概率。应用隐马尔可夫模型进行词性标注，句子中的词序列是观察值，对应的词性标签是我们希望得到的隐藏状态变量，如图 10.2 所示。

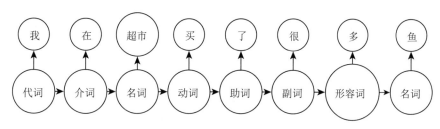

图 10.2　词性标注

　　中文与英语这样的字母语言相比，有一个重要的不同之处：英语单词总是由空格自然间隔开来的，而中文的"词"之间没有空格。中文处理的第一步，通常是进行**分词**。比如，"龙是中国人的图腾"这句话，经过分词可以拆解为独立的词"龙 | 是 | 中国人 | 的 | 图腾"。

　　分词不能通过简单对照词汇表实现，而是常常要根据上下文才能做出正确的切分。比如，"大学 | 是 | 大学生 | 学习 | 的 | 地方"，我们不能把"大学生"这个词切分为"大学 | 生"。再如，"研究生 | 研究 | 生命 | 的 | 起源"，我们不能把"研究生命"中的"研究生"作为一个词。在分词的过程中，我们还要识别一些词汇表之外的名称，甚至是在语料库中从未出现过的名称，这些名称包括人名、地名、组织机构名称等，我们把它们称作命名实体。这些名称通常要根据上下文做出判断。比如，"小明 | 在 | 北京 | 游览 | 了 | 故宫博物院"，其中，"小明"是人名，"北京"是地名，"故宫博物院"是机构名称。

　　分词也能够用隐马尔可夫模型来描述，隐藏状态变量可以有两个值，其中，B（Beginning）表示词的开始，I（Inside）表示仍在词中，如图 10.3 所示。为了区分不同的词，我们还可以增加更多状态，比如，BP（person）表示人名的开始，BL（location）表示地名的开始, BO (organization) 表示组织机构名称的开始。

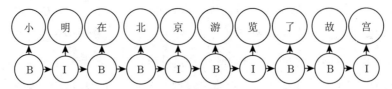

图 10.3   隐马尔可夫模型描述中文分词过程

10.2   维特比算法

维特比 (Viterbi) 算法是一种求解隐马尔可夫模型的动态规划算法。动态规划算法总是从最小的子问题出发, 逐步推出更大的子问题, 直到解决整个问题。这里, 我们从序列的初始观察值出发, 逐个计算最有可能的隐藏状态。

假设我们观察到的值序列为 $x_1, x_2, \cdots, x_T$, 序列的长度为 T。假设隐藏状态有 K 种, 也就是说, 状态可能的取值为 $1, 2, \cdots, K$。令 $V_{t,k}$ 表示第 t 个隐藏状态是 k 的概率。很显然, 初始状态 s_1 的概率 $V_{1,k}$ 不依赖于任何前面的状态。

$$V_{1,k} = P(x_1|s_1 = k) \cdot P(s_1 = k)$$

当我们计算后面的 $V_{t,k}$ 的时候, 就需要考虑状态 s_{t-1} 所有可能的情况, 选择使得当前状态概率最大的前一个状态的取值。我们要同时把这个前一个状态的取值也记下来, 后面会用到, 我们把它记为一个向前的指针 $\text{Ptr}(t, k)$。

$$V_{t,k} = \max_{1 \leqslant i \leqslant K} P(s_t = k, x_t|s_{t-1} = i)$$

$$= \max_{1 \leqslant i \leqslant K} P(x_t|s_t = k) \cdot P(s_t = k|s_{t-1} = i) \cdot V_{t-1,i}$$

$$\text{Ptr}(t, k) = \arg\max_{1 \leqslant i \leqslant K} P(s_t = k, x_t|s_{t-1} = i)$$

最后, 我们可以计算出整个序列的最大概率 $\max_k V_{T,k}$。同时, 我们知道了最后一个状态 s_T 应该如何取值才能使概率最大化。然后, 我们逐项向前根据指针找到上一个状态 s_{t-1} 应该取什么值。

$$s_T = \arg \max_{1 \leqslant k \leqslant K} V_{T,k}$$

$$s_{t-1} = \text{Ptr}(t, s_t)$$

我们用一个极简单的分词模型来看维特比算法是如何求隐马尔可夫模型隐藏状态的。这个模型的字典里只有两个字，"鱼"和"叉"；有两种隐藏状态，B 表示词的开始，I 表示仍在词中。这个模型中各种概率的取值分别是每个状态的先验概率，每个状态产生两个字的概率，每个状态转入下一个状态的概率，如表 10.1 所示。

表 10.1 一个极简单的分词模型

状态	先验概率	"鱼"	"叉"	转入 B	转入 I
B	0.6	0.7	0.3	0.5	0.5
I	0.4	0.1	0.9	0.9	0.1

下面，我们对"鱼叉叉鱼"进行分词。我们需要依次计算出每个字来自不同状态的概率，并确定使得概率最大的前一个状态。当完成整个序列计算之后，我们从整个序列的最大概率向前反向找到每个字对应的状态，如图 10.4 所示。于是，我们得到了"BIBB"，分词的结果是"鱼叉 | 叉 | 鱼"。

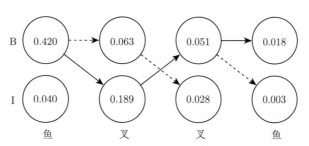

图 10.4 维特比算法求隐马尔可夫模型隐藏状态的例子

10.3 词向量的表示方法

自然语言处理需要把文字用数值向量表示出来，以便作为各种算法的输入。把字或者词表示为数值向量的过程有两种实现方法，一种叫作独热（one-hot）表示，另一种叫作词嵌入（word embedding）。

10.3.1　独热表示

独热表示非常简单，就像表示类别标签，每个词占向量的一个维度，一个词对应的向量在这一维度上取 1，其他维度上都为 0。词汇表有多大，一个词向量就有多长。图 10.5 显示了有 5 个"词"的词汇表中某 3 个字的独热表示。对于英语这样的字母语言，"词"通常是单词；而对于中文来说，"词"既可以是经过分词后的多字词组，也可以是未经分词的"单字"。

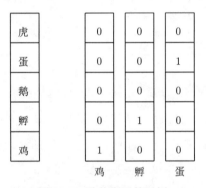

图 10.5　独热表示的示例

独热表示是一种不包含语义的表示方法，所有的词（或者字）都相互对等，没有任何差异和联系。如果我们计算词与词之间的向量距离，那么任何两个词之间的距离都是一样的，但这并不符合词的语义。从语义的角度出发，语义相似的词应该用距离相近的向量来表示，反之，语义相差较大的词，它们的向量也应该距离更远。独热表示不能蕴含这样的语义信息，因此，我们通常需要对独热表示进行处理，将其转换为能够表达语义信息的"词嵌入"表示。

10.3.2　词嵌入

词嵌入是一种基于语义的表示方法，它把词"嵌入"语义空间中，在这个空间中，相似的词聚在一起。

图 10.6 显示了一个词嵌入表示的例子。它将前面独热表示实例中的 5 个字嵌入一个语义空间中，这个空间的各个维度分别表示语义的某个维度，比如，是否有毛、是否为动词、可否作为食物、大小尺寸如何、是否有翅膀等。在这个语义空间里，"鸡"和"鹅"非常接近，"鸡"和"虎"则离得较远。因此，我们可以推测，如果"鸡孵蛋"是个合理的句子，那么"鹅孵蛋"大概率也是合理的句子，然而"虎孵蛋"就很可能非常不合理。这样的表示法，给词的向量表示赋予了语义信息，对于后续的处理非常有帮助。

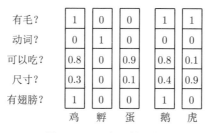

图 10.6　词嵌入的示例

在实际应用中，词嵌入空间的各个维度并不是人工指定的，而是算法根据语料库自己学习得到的。我们只需要指定空间的维度，维度越高，容纳的语义就越精细、越复杂，但是学习的难度也就越大。另一方面，算法学习出的各个维度并不能直观地解释为上面示例中那样可以说明的语义，因为我们不能控制语义在空间中展开的方向总是沿着坐标轴，而且把所有语义都沿着坐标轴展开也并不一定是最优的布局方式。算法会根据语义的相似度将词布局在空间之中。

10.3.3　统计语言模型

学习自然语言的"词嵌入"有很多方法，可以把它作为神经网络的一个可训练层，在特定自然语言处理任务中学习；也可以用专门的方法在大规模的无标注语料库上学习。其中，用神经网络模型训练**语言模型**是学习词嵌入的一个常用方法，词嵌入是训练好的语言模型的一部分。通过训练循环神经网络 RNN 预测句子中的下一个词，可以学习到词嵌入矩阵。如图 10.7 所示，右边是展开的 RNN 网络，相当于一个前馈神经网络。

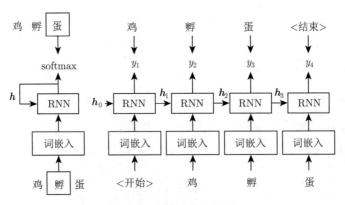

图 10.7　词嵌入语言模型

设想我们已经获得了所有词的嵌入向量表示，把这些向量拼在一起组成一个矩阵，就得到了词嵌入矩阵 $\boldsymbol{E}$。对于给定某个词的独热表示 $\boldsymbol{x}$，只要将矩阵 $\boldsymbol{E}$ 和独热向量 $\boldsymbol{x}$ 相乘，就可以将词对应的嵌入向量提取出来。我们把词嵌入矩阵 $\boldsymbol{E}$ 想象成神经网络的权值矩阵，那么词嵌入的过程可以视作神经网络的一层，把它作为神经网络的参数进行训练。

学习词嵌入矩阵，通常采用预测文本中下一个词这个任务进行训练，这个任务实际上就是训练一个统计语言模型。**统计语言模型**（statistical language model）是对自然语言的语法和语义的统计描述。它把语言文字看作一个随机序列，随机序列的概率可以用来衡量一段文本是否符合语言的语法和语义规则。如果一段文本序列是合理的语句，那么这个序列在语言模型中就具有较高的概率。

用神经网络模型来训练语言模型，通常就是训练一个基于循环神经网络（Recursive Neural Network，RNN）的序列预测模型，模型的输入是一段长度为 t 的文本序列 $\boldsymbol{x}_{1:t}$，模型的输出是下一个词 $\boldsymbol{x}_{t+1}$，训练目标是使得加入这个词后产生的新序列 $\boldsymbol{x}_{1:t+1}$ 的概率极大化。这个模型蕴含了一个假设，即"相似"的词总是出现在相似的上下文中，可以相互替代而不影响句子的合理性。在这样的目标的指引下，相似的词就被嵌入空间中相近的位置上，于是预测模型就学习到了一个符合语法和语义规则的词嵌入表示。

语言模型通常在无标注的自然语言文本样本上进行训练，对于同一种语言，语言模型并不需要反复训练。一个语言模型训练好之后，就可以将词嵌入层直接作为其他模型的一层，用于特定任务，这样可以大大提高训练新的神经网络模型的速度。值得一提的是，语言模型并不局限于自然语言文本，用计算机语言代码库（如 C 语言编写的 Linux 系统核心代码）作为训练样本，可以让神经网络学习到计算机语言的语法规则；用某种自然语言的语音数据作为样本，可以让神经网络学习到自然语言的发音规律；用音乐的音频信号作为样本，甚至可以让神经网络学会如何生成相似的乐曲片段。这些应用和自然语言一样，都依赖神经网络去发现序列中的统计规律。

10.4 循环神经网络

处理不确定长度的文本序列通常要采用循环神经网络（RNN）。循环神经网络输出的一部分会作为下一轮计算的输入，这部分叫作网络的隐藏状态（hidden state），记作 h。它相当于网络的记忆，因为它是基于此前所有输入计算出的结果，我们认为它蕴含了此前所有输入的内容。一层循环神经网络的计算如下，其中 $\boldsymbol{x}_t, \boldsymbol{y}_t, \boldsymbol{h}_t$ 分别是 t 时刻的输入、输出和隐藏状态，$\boldsymbol{W}_x, \boldsymbol{W}_h$ 是两个权值矩阵，$\boldsymbol{b}$ 是偏置，$\sigma()$ 是激活函数。

$$[\boldsymbol{y}_t, \boldsymbol{h}_t] = \sigma(\boldsymbol{W}_x \boldsymbol{x}_t + \boldsymbol{W}_h \boldsymbol{h}_{t-1} + \boldsymbol{b})$$

以学习语言模型的神经网络为例（如图 10.7 所示），网络以词的独热向量作为输入，经过一个词嵌入层，转换为嵌入表示。嵌入表示输入一层循环神经网络产生用于预测下一个词的输出。词嵌入层和循环神经网络层都是可以训练的。循环神经网络的输出 $\boldsymbol{y}$ 经过 Softmax 缩放处理为 $[0, 1]$ 之间的值，表示下一个词是某个词的概率，然后和句子中真实的下一个词的独热向量进行比较，计算神经网络的损失函数，作为梯度下降的依据。这个过程实际上就是计算多类别逻辑斯蒂回归中的交叉熵损失函数。另外，为了标记句子的开始和结束位置，我们会在句子前后加上两个特殊的"词"，分别表示句子的开始和结束。

循环神经网络在产生输出 $\boldsymbol{y}$ 的同时，产生一个隐藏状态 $\boldsymbol{h}$。$t-1$ 时刻的隐藏状态 $\boldsymbol{h}_{t-1}$ 在下一个时刻 t 与输入 $\boldsymbol{x}_t$ 一起作为循环神经网络的输入。

如果把一个完整的句子经过循环神经网络的计算过程展开来，它就变成了一个多层的前馈神经网络。句子有多长，这个展开的神经网络就有多少层。很显然，我们可以用反向传播算法来计算权值的梯度下降方向。因此，循环神经网络也可以用反向传播算法来进行训练。这种训练方式有自己的名称，叫作越时反向传播算法（Back-Propagation Through Time，BPTT）。

10.4.1　长短期记忆和门控循环单元

循环神经网络在时间上展开后就会变成多层神经网络，网络的深度随着处理的序列长度而增长，当序列长度较长时，无论是前馈信号还是反馈信号，都要越过多层神经网络的非线性激活函数进行传导，信息传递的效率就会显著下降。这就是循环神经网络中的**长程依赖**问题。

自然语言中有很多跨越较远距离的关系需要处理，比如，"因为……所以……"和"如果……那么……"这样成对出现的连词，再如，代词和它指示的对象之间的指代关系，以及英语等语言中的从句结构等，这些都需要神经网络能够"记住"序列中相距较远的文本之间的关系。虽然从理论上讲，循环神经网络每一时刻的隐藏状态都是基于此前所有输入计算出来的，蕴含了所有"历史"信息，但是随着网络深度的增加，会出现梯度爆炸或者梯度消失的问题。实际上，循环神经网络很难学习到远距离的依赖关系。

解决长程依赖问题的一种方法是引入特殊的循环神经网络单元来控制"记忆"的过程，其中，常用的单元有长短期记忆[1]和门控循环单元[2]。二者的机制很相似，都允许"记忆"线性传递而不经过非线性激活函数，同时引入一些"门"来控制记忆的累积过程。

长短期记忆单元（Long Short Term Memory，LSTM）引入了一个新的内部状态 c，x_t 为 t 时刻的输入，h_t 为 t 时刻的隐藏状态，c_t 为 t 时刻的单元内部状态，$\sigma_f, \sigma_i, \sigma_o$ 分别为遗忘门、输入门和输出门的 Sigmoid 激活函数，如图 10.8 所示。这个新的内部状态是随着时间线性传递的。

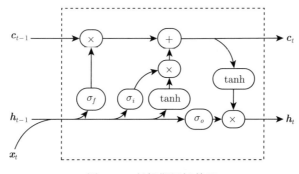

图 10.8　长短期记忆单元

$$c_t = f_t \odot c_{t-1} + i_t \odot \tilde{c}_t$$

上式中，$\odot$ 表示按照元素对应位置相乘，c_{t-1} 为上一个时刻的内部状态，与遗忘门（forget gate）的输出 f_t 相乘；$\tilde{c}_t$ 为该时刻产生的新的候选状态，与输入门（input gate）的输出 i_t 相乘；两个乘积之和成为这一时刻新的内部状态。遗忘门控制了此刻应该"遗忘"多少前一刻的"记忆"；输入门控制了此刻有多少"新"的记忆"输入"进来。遗忘门、输入门和候选状态都是输入 x_t 和上一个时刻的隐藏状态 h_{t-1} 的函数。它们的计算方式如下：

$$f_t = \sigma(W_f x_t + U_f h_{t-1} + b_f)$$
$$i_t = \sigma(W_i x_t + U_i h_{t-1} + b_i)$$
$$\tilde{c}_t = \tanh(W_c x_t + U_c h_{t-1} + b_c)$$

其中，W, U 是分别对应于输入和隐藏状态的权值矩阵，这些"门"和"候选状态"都可以看作一层神经网络感知机单元，激活函数分别使用 Sigmoid 函数和双曲正切函数（tanh）。

时刻 t 的隐藏状态 h_t 则由输出门（output-gate）控制。

$$o_t = \sigma(W_o x_t + U_o h_{t-1} + b_o)$$
$$h_t = o_t \odot \tanh(c_t)$$

门控循环单元（Gated Recurrent Unit，GRU）比长短期记忆更加简单。它没有引入新的内部状态，而是将隐藏状态 h_t 直接进行线性传递。

$$h_t = z_t \odot h_{t-1} + (1 - z_t) \odot \tilde{h}_t$$

其中，z_t 叫作更新门（update gate），$\tilde{h}_t$ 为候选的隐藏状态。更新门决定了在新的隐藏状态中，候选状态和上一个时刻的"旧"状态各占多少比例。

$$z_t = \sigma(W_z x_t + U_z h_{t-1} + b_z)$$

候选状态 $\tilde{h}_t$ 的计算受到重置门（reset gate）r_t 的控制。

$$\tilde{h}_t = \tanh(W_h x_t + U_h(r_t \odot h_{t-1}) + b_h)$$
$$r_t = \sigma(W_r x_t + U_r h_{t-1} + b_r)$$

通过一些极端情况，我们可以了解更新门和重置门的作用。

- 当 $z_t = 0, r_t = 1$ 时，GRU 单元退化为简单的循环神经网络。
- 当 $z_t = 0, r_t = 0$ 时，GRU 单元退化为简单的前馈层，当前时刻状态仅与输入有关，与历史信息无关。
- 当 $z_t = 1$ 时，当前状态等于上一个时刻状态 $h_t = h_{t-1}$，当前输入被忽略。

这些引入门控机制的循环神经网络单元构成了神经网络在自然语言处理中的核心模块。

10.4.2　编码器–解码器模型

我们用循环神经网络来完成各种自然语言处理任务，比如，机器翻译、句子分类、图片标注等。在这些任务中，循环神经网络可以作为编码器和解码器使用[3]，编码器用于处理输入文本序列，将对输入文本语义的"理解"映射到向量表示中；解码器用于产生输出文本序列，将编码器理解到的"语义"还原为目标语言文本，完成机器翻译任务。以中文到英文的机器翻译为例，展开的循环神经网络如图 10.9 所示，其中 E 是用于编码的网络，D 是用于解码的网络。编码器网络读取一个中文句子，将句子的含义编码到隐藏状态中，解码器网络用编码器的隐藏状态来初始化自己的隐藏状态，输出要翻译的目标语言。编码器和解码器都是包含循环神经网络的多层神经网络，它们可以包含若干个循环神经网络层，或者前馈层，编码器的第一层通常是词嵌入层。

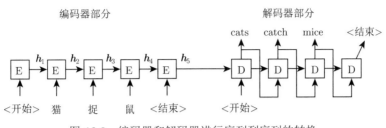

图 10.9　编码器和解码器进行序列到序列的转换

　　在序列到序列的转换中，不需要输入编码器的序列长度与解码器输出的序列长度相同。而且，实际上长度一般总是不相同的。同样的意思在不同语言中通常表达为长度不等的句子。在文本语音转换的任务中，音频的长度和文字的长度更是没有可比性。在编码器的输出中，通常包含一个表示句子结束的终止符号，用于提示解码过程到此为止。

　　编码器和解码器联合使用可以完成序列到序列的转换任务，比如机器翻译、问答系统、文本语音转换等。编码器和解码器也可以单独使用。单独使用编码器，可以实现序列到单个值的转换，比如，进行句子分类，具体任务包括识别语言的种类、判断句子的意图、识别句子的情感、过滤垃圾信息等。单独使用解码器，可以实现语句生成的任务，比如，进行图片自动标注。输入的图片经过卷积网络最终产生一个包含图片内容抽象信息的向量，这个向量作为解码器的初始状态，通过解码生成可以描述图片内容的文字。

10.4.3　注意力机制

　　编码器–解码器模型试图把句子映射到一个隐藏状态向量中，这就相当于将不定长度的序列映射到一个维度有限的空间中的一点。对于复杂的句子，这其中的难度可想而知。空间中的一点如何表示句子的复杂含义呢？我们可以增加空间的维度，但同时也会增加训练的难度。

　　另一方面，我们考虑自己思维的方式，在翻译一句话的时候，我们并不一定需要记住完整的一句话中的全部细节。在翻译其中某个词的时候，我们通常只需要这个词和它上下文的一小部分。人在思考的时候，注意力的范围总是有限的，我们把这种注意力（attention）机制引入神经网络中，可以对编码器—解码器模型做出改进。

　　注意力机制解决了两个问题：一是编码器的输出容量不再受限于单个隐藏状态的

长度，解码器可以利用编码器在整个输入序列上的全部状态，完整保留了输入序列的信息。二是解决了长程依赖问题，不再仅仅依赖编码器的最终输出状态"记忆"信息，相当于在"注意力"的引导下直接"查看"历史信息。

利用注意力机制，编码器不再需要把整句话的内容压缩为高维空间中的一点，而是可以利用编码器对句子中每个词产生的隐藏状态。假设输入的句子有 N 个词，编码器产生了 N 个隐藏状态 $h_1, h_2, \cdots, h_N$。当解码器要输出第 i 个词的时候，假设它的隐藏状态是 s_i，产生输出的解码器网络并不直接以 s_i 作为输入，而是要利用所有 $h_1, h_2, \cdots, h_N$，当然，不是平均地利用全部编码器状态，而是根据"注意力"的不同而有所侧重。注意力就是赋予状态不同的权重，对每个编码器状态 $h_1, h_2, \cdots, h_N$，计算出解码器状态 s_i 对它们的注意力 $a_{i,1}, a_{i,2}, \cdots, a_{i,N}$，然后根据注意力对编码器状态进行加权求和（权重通常经过归一化处理，比如 SoftMax）$\sum_{j=1}^{N} h_j a_{i,j}$。这个加权和代表解码器在当前时刻从输入序列中获取的最需要的信息，参与到解码器的计算中。

注意力有很多不同的计算方法，这些计算方法都是以编码器所有历史状态和解码器当前状态为输入，计算出一组注意力，作为编码器状态的权重。比如，计算编码器状态和解码器状态的点积，$a_{i,j} = h_j \cdot s_i^{\mathrm{T}}$。我们也可以在向量乘积中加入一个权值矩阵，$a_{i,j} = h_j \cdot W \cdot s_i^{\mathrm{T}}$。还可以用一层神经网络来计算注意力，$a_{i,j} = \sigma(h_j W_h + s_i W_s)$。

采用点积计算注意力，反映了对语言模型和注意力机制最本初的理解。我们可以想象，在所有语言的外壳下，都是人们对世界中各种概念的理解，语言是这种理解的表达形式。我们称这种抽象于各种语言之上的对世界的理解为语义空间。词嵌入的过程，就是具体语言到语义空间的映射。编码器或者解码器在分析某个输入的句子，或者产生某个输出的时候，它们的内部状态就反映了某个中间步骤在语义空间中所处的位置。当我们翻译"猫捉鼠"这句话，将"猫"翻译为"cats"的时候，编码器和解码器一定都聚焦于"会捉老鼠的、猫科、家养的、小动物"这个概念上，它们的内部状态应该是相似的。因此，我们可以用计算点积的方式度量编码器状态和解码器状态的相似性，实际上这是在计算编码器状态和解码器状态的余弦距离。如图 10.10 所示，产生 cats 这个翻译结果的时候，注意力机制将解码器状态 s_1 和所有编码器状态 h_j 进行比较，计算出响应的注意力 $a_{1,j}$，将注意力集中在"猫"这个输入上。当输出下一个词时，注意力机制会根据解码器的下一个状态 s_2 计算出新的注意力 $a_{2,j}$。

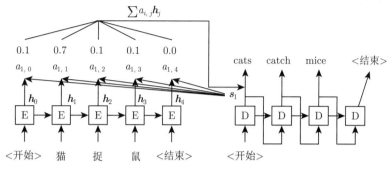

图 10.10 引入注意力机制的编码器–解码器模型

采用一种类似数据库查询的方式，我们能够对注意力机制进行更为一般的定义。假设编码器对输入中的每个词产生一个键值对（key value pair），解码器为了产生一个输出，要对所有键值对进行查询（query），查询的结果用于计算当前要输出的词。查询结果就是键值对和查询的函数。在前面的描述中，我们把编码器的状态 h_j 既当作键（key），也当作值（value），把解码器的状态 s_i 作为查询。实际上，我们可以把编码器对每个词的输出分为键和值两个部分。所有的键构成键矩阵 K，所有的值构成值矩阵 V，查询记作 Q。前面描述的用点积计算注意力的方法，可以描述为如下形式：

$$\mathrm{Attention}(\boldsymbol{K}, \boldsymbol{V}, \boldsymbol{Q}) = \mathrm{softmax}(\boldsymbol{Q}\boldsymbol{K}^{\mathrm{T}}) \cdot \boldsymbol{V}$$

现在我们几乎已经可以抛弃循环神经网络了。我们不再需要通过循环神经网络"记住"整句话，注意力机制可以帮我们找到关注的焦点。事实上，经过进一步改进的变换器模型（transformer）[4] 抛弃了循环神经网络，通过给每个词加上一个位置编码，并引入自注意力机制（self-attention），将编码器和解码器完全变成了前馈神经网络。

与解码器对编码器的注意力机制相似，在编码器中引入自注意力机制，是编码器对编码器自身的注意力机制。注意力机制可以代替循环神经网络获取上下文的信息。这样的好处是明显的，计算性能得到了提高，循环神经网络要逐步计算，无法并行化计算，而纯前馈神经网络则可以并行计算输入句子中所有的词。当然，这样所有词就变成对等的，失去了词的顺序关系。于是我们在完成词嵌入后，给每个词向量上加上一些额外信息表示位置（位置编码），使得词序的信息包含在编码器的输入之中。

10.5　动手实践

10.5.1　英文人名翻译

我们以一个人名翻译问题作为实践练习，了解如何使用神经网络处理自然语言信息。首先要准备一个中英文人名翻译的数据集 ⊖，这个数据集包含了 48 万组中英文人名，英文人名不仅限于英语国家的人名，也包含了用英文字母表示的非英语国家的人名。我们要采用一个带有注意力机制的编码器–解码器网络来将英文人名翻译成中文。

当处理自然语言文本时，特别是英语这样的拼音文字时，通常是以"词"为输入单位的，将词"嵌入"为向量表示。处理中文的时候，既可以直接以汉字为单位进行嵌入表示，也可以将分词处理后的汉语词汇进行嵌入表示。在这里，我们的输入序列只包含一个人名，所以，以字符为序列的最小单位，直接对字符进行嵌入表示。

10.5.2　实现编码器和解码器

编码器采用门控循环单元（GRU）实现，以英文字母为输入，输入是字母和符号的独热向量表示，输入尺寸（`input_size`）是英文字符集大小。将字母全部转换为小写字母后，再加上若干符号，如空格和连字符，英文字符集大小为 31，因此，编码器输入尺寸为 31。编码器状态尺寸设置为 128，这个值可以酌情调整，它影响编码器的"记忆容量"。

```
import torch.nn as nn

class EncoderRNN(nn.Module):
    def __init__(self, input_size, hidden_size):
        super(EncoderRNN, self).__init__()
        # hidden_size是编码器状态的容量
        self.hidden_size = hidden_size
```

⊖　中英文人名数据集下载地址：https://github.com/wainshine/Chinese-Names-Corpus。

```
    # input_size是英文字符集的大小
    self.embedding = nn.Embedding(input_size, hidden_size)
    self.gru = nn.GRU(hidden_size, hidden_size)


def forward(self, input, hidden):
    # 首先进行字符嵌入
    output = self.embedding(input).view(1, 1, -1)
    # 然后输入门控循环单元
    output, hidden = self.gru(output, hidden)
    return output, hidden

# 英文字符集大小为31
# 英文人名用到了26个字母及若干符号
encoder = EncoderRNN(31, 128)
```

解码器也采用门控循环单元作为循环神经网络的基本单元。解码器的输出尺寸为中文字符集的大小，人名中只用到 400 多个汉字。

解码器的输入为上一轮计算解码出的汉字。当启动解码器循环时，输入一个特殊的"开始"字符（Start Of Sentense，SOS）表示"语句"的开始。解码器循环的结束则由特殊的"结束"字符（End Of Sentense，EOS）控制，当解码器输出"结束"字符时，就意味着解码器循环可以终止了。

下面的解码器网络定义了执行一次解码器循环的过程。首先将输入字符嵌入向量，然后计算解码器的注意力。这里采用了一种简化的注意力机制——基于位置的注意力（location based attention）[5]。这种注意力机制不依赖于编码器状态，仅依赖于当前的解码器状态。假设当前解码器状态为 h_t，注意力权重向量 a_t 计算如下：

$$a_t = \mathrm{softmax}(W_a h_t)$$

这种基于位置的注意力可以用一层线性的神经网络单元进行计算，以解码器当前的状态（即解码器输入和解码器隐藏状态）为输入，输出经过归一化处理（softmax），产生注意力权重（attn_weights）。按照注意力权重计算出编码器状态的加

权和（attn_applied），这个加权和就是应用了注意力的编码器状态信息，是解码器
"关注"的焦点。它和解码器的当前输入向量同时通过一层神经网络（attn_combine）
融合为一个向量，作为门控循环单元的输入。门控循环单元的输出经过另一层神经网络
（out），产生输出中文字符的概率向量。

```python
# 最长输入为64个字符
MAX_LENGTH = 64


class AttnDecoderRNN(nn.Module):
    def __init__(self, hidden_size, output_size, max_length=MAX_LENGTH):
        super(AttnDecoderRNN, self).__init__()
        # 解码器的状态尺寸与编码器一致
        self.hidden_size = hidden_size
        # 解码器的输出尺寸为人名用到的中文字符集大小
        self.output_size = output_size
        # 最长输入序列长度
        self.max_length = max_length

        self.embedding = nn.Embedding(self.output_size, self.hidden_size)
        # 采用一层神经网络计算注意力
        self.attn = nn.Linear(self.hidden_size * 2, self.max_length)
        # 采用一层神经网络将注意力融入GRU输入
        self.attn_combine = nn.Linear(self.hidden_size * 2, self.hidden_size)
        self.gru = nn.GRU(self.hidden_size, self.hidden_size)
        # 从GRU输出产生中文字符的层
        self.out = nn.Linear(self.hidden_size, self.output_size)

    def forward(self, input, hidden, encoder_outputs):
        embedded = self.embedding(input).view(1, 1, -1)

        # 用一层神经网络计算注意力
        # 这里使用了基于位置的注意力机制
```

```
    # 这种简化的注意力机制只依赖于解码器的状态
    attn_weights = F.softmax(
        self.attn(torch.cat((embedded[0], hidden[0]), 1)), dim=1)


    # 将注意力权重应用到编码器状态上
    # 用矩阵乘法计算加权和
    attn_applied = torch.bmm(attn_weights.unsqueeze(0),
                            encoder_outputs.unsqueeze(0))


    # 将使用了注意力的编码器状态和当前解码器输入进行融合
    # 融合的结果输入门控循环单元
    output = torch.cat((embedded[0], attn_applied[0]), 1)
    output = self.attn_combine(output).unsqueeze(0)
    output = F.relu(output)


    output, hidden = self.gru(output, hidden)


    # 将GRU输出映射到中文字符的概率
    output = F.log_softmax(self.out(output[0]), dim=1)
    return output, hidden, attn_weights

# 解码器用到了433个中文字符
decoder = AttnDecoderRNN(128, 433)
```

10.5.3 人名翻译实验结果

下面，我们将编码器和解码器结合在一起，就可以实现翻译的过程。这个过程由编码器循环和解码器循环组成，编码器循环用于处理输入的英文人名，解码器循环用于产生对应的中文译名。这个过程既可以用于神经网络的训练过程，也可以用于测试翻译结果。

```python
# 编码器循环
# input_length为输入长度
# input_tensor为输入序列
# encoder_outputs用于记录编码器状态
encoder_outputs = torch.zeros(MAX_LENGTH, encoder.hidden_size)
for ei in range(input_length):
    encoder_output, encoder_hidden = encoder(
        input_tensor[ei], encoder_hidden)
    encoder_outputs[ei] += encoder_output[0, 0]


# 解码器循环
# 解码器输入decoder_input从特殊字符SOS_token开始
# SOS_token为常量0
decoder_input = torch.tensor([[SOS_token]])
decoder_hidden = encoder_hidden
# docoder_words用于存储解码出的字符
decoded_words = []
for di in range(max_length):
    decoder_output, decoder_hidden, decoder_attention = decoder(
        decoder_input, decoder_hidden, encoder_outputs)
    topv, topi = decoder_output.data.topk(1)
    # 如果解码出了特殊字符EOS_token
    # 终止解码器循环
    if topi.item() == EOS_token:
        decoded_words.append('<EOS>')
        break
    else:
        # index2char为字符编码到字符的映射表
        decoded_words.append(index2char[topi.item()])
    # 解码出的字符作为下一轮的输入
    decoder_input = topi.squeeze().detach()
```

下面不赘述训练的过程，直接看经过一轮训练后的测试结果，如表 10.2 所示。我们使用了一些常见英文人名、各国音乐家的名字、物理学家的名字、一个罗马字母表示的日文名字，以及一个并非人名的英文词组进行了测试。结果可见，模型基本上学会了从名字发音到汉字的映射，有很多名字翻译相当符合规范和惯例，比如"安迪""莫扎特""塞巴斯蒂安"等；还有一些名字发音翻译正确，但是用字不太符合规范，比如"里查德""绍斯塔科维奇"等。对于日文人名"Sakura"，甚至并非名字的词组"Deep Learning"，模型也按照英语的发音进行了翻译。这是训练自然语言模型的有趣之处，让我们直观地看到了模型如何学习语言中的统计规律。

表 10.2 人名翻译的实验结果

输　　入	输　　出
Richard	['里', '查', '德', '<EOS>']
Andy	['安', '迪', '<EOS>']
Johnny	['约', '尼', '尼', '<EOS>']
Johann	['约', '安', '<EOS>']
Sebastian	['塞', '巴', '斯', '蒂', '安', '<EOS>']
Bach	['巴', '克', '<EOS>']
Mozart	['莫', '扎', '特', '<EOS>']
Beethoven	['比', '索', '夫', '<EOS>']
Tchaikovsky	['泰', '科', '夫', '斯', '基', '<EOS>']
Brahms	['布', '拉', '姆', '斯', '斯', '<EOS>']
Mendelssohn	['门', '德', '尔', '森', '森', '<EOS>']
Dmitri	['德', '米', '特', '里', '<EOS>']
Dmitriyevich	['德', '米', '里', '耶', '耶', '维', '奇', '<EOS>']
Shostakovich	['绍', '斯', '塔', '科', '维', '奇', '<EOS>']
Albert	['阿', '尔', '贝', '特', '<EOS>']
Einstein	['埃', '斯', '泰', '因', '<EOS>']
Issac	['伊', '萨', '克', '<EOS>']
Newton	['内', '万', '<EOS>']
Sakura	['萨', '库', '拉', '<EOS>']
Deep Learning	['迪', '普', '莱', '宁', '<EOS>']

在解码过程中注意力的变化如图 10.11 所示。注意力机制关注的是编码器状态，当编码器读完"Sho"这 3 个字符时，其状态包含了这 3 个字母的信息，因此，产生"绍"

这个字时，解码器关注的点在编码器的第 4 个状态。而产生"斯塔"两个字时，解码器关注"sta"这几个字符的信息，这些信息包含在编码器的第 6 个状态中，因此解码器的注意力移动到第 6 个状态。从图中可以明显看出，随着翻译的进行，解码器的注意力在编码器状态序列中从前向后移动。这时，解码器不再完全依赖隐藏状态"记忆"全部输入序列信息，而是从隐藏状态产生注意力信号，引导解码器在输入序列中进行"检索"。注意力机制有效地扩展了解码器的"记忆力"。俗话说，"好记性不如烂笔头"，注意力机制在这里产生了类似的效果，很好地解决了困扰循环神经网络的长程依赖问题。

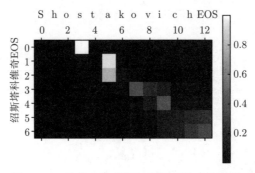

图 10.11   注意力随着解码器循环移动的过程

参考文献

[1] HOCHREITER S, SCHMIDHUBER J. Long short-term memory[J]. Neural computation, 1997, 9(8): 1735-1780.

[2] CHO K, MERRIENBOER B V,GULCEHRE C, et al. Learning phrase representations using RNN encoder-decoder for statistical machine translation[J]. arXiv preprint arXiv:1406.1078, 2014.

[3] SUTSKEVER I,VINYALS O, LE Q V L.Sequence to sequence learning with neural networks[J]. arXiv preprint arXiv: 1409. 3215, 2014.

[4] VASWANI A,SHAZEER N,PARMAR N,et al. Attention is all you need[J]. arXiv preprint arXiv: 1706.03762, 2017.

[5] LUONG M,PHAM H,MANNING C D. Effective approaches to attention-based neural machine translation[J]. arXiv preprint arXiv: 1508.04025, 2015.